微觀苔蘚，找回我們曾與自然共享的語言

三千分之一的森林

Gathering Moss

A Natural and Cultural History of Mosses

Robin Wall Kimmerer

羅賓・沃爾・基默爾——著

楊嘉棟——審訂

賴彥如——譯

目錄

致謝

感謝許多善良的人在這本書生成的歷程中一起共苦同甘。謝謝我的父親，羅伯特．沃爾，花時間細究苔蘚，累積了素描的深厚功夫，能一起工作真是樂事一件。衷心感謝已故的霍華德．克洛姆授權本書使用他的圖片，這位了不起的生物學家所撰著的書籍和插圖讓更多人認識了苔蘚。謝謝帕特．穆爾和布魯斯．麥庫恩的盛情與鼓勵、克里斯．安德森和唐恩．安辛那的閱讀，還有國家科學基金會和奧勒岡州立大學在我的學術休假期間對這本書提供的支援。非常感謝奧勒岡州立大學出版中心的瑪莉．伊莉莎白．布勞恩以及喬．亞力山大對本書的建議和支持。紐約州立大學環境與森林學院的珍妮絲．格萊姆和卡倫．史特金在校閱上給予的意見，還有許多朋友所提供的建議與支持都非常有幫助。最重要的是，我很幸運能擁有一個充滿愛的家庭，一個孕育美好事物的環境。感謝我的母親從一開始就聆聽我的寫作，還創造了美感縈繞的空間，我的父親帶著我進入山林野地，以及姊姊跟弟弟對我的鼓勵。謝謝傑夫一路以來的信任。特別要感謝我的女兒琳登和拉金貼心的支持和寬容，她們一直是我的靈感之源。

前言
在日常感知的邊緣，開始觀看……

我第一次對「科學」（還是宗教呢？）有意識的記憶，發生在幼稚園的課堂，在老舊的格蘭傑禮堂裡。當第一片迷人的雪花翩然落下，我們全都衝去把鼻子貼在結著白霜的窗子上。霍普金斯小姐十分睿智，身為教師，她知道在初雪的時候要遏抑五歲孩童的興奮之情有多困難，所以我們統統都出門了。大夥身著靴子和連指手套，在飄飄迴雪中圍繞在她身旁，她從大衣的深口袋裡摸出一副放大鏡。我永遠不會忘記我第一眼透過鏡片看到的雪花，在她海軍藍大衣的羊毛袖子上閃閃發亮，像是夜空中的點點星光。經過十倍放大，那一片雪花的複雜細節令我驚奇不已。像雪這麼微小又平凡的事物，怎能如此完美無瑕？我情不自禁地看了再看。即使到現在，我都還記得最初的那一瞥，是如何充滿可能又深不可測。那是第一次，卻不是最後一次，我感覺到這世界的浩繁，不僅限於我們目光所及。於是當我看向輕落在枝頭和屋頂的雪片時，便多了一分新的認知：每一片雪花裡頭，都是星芒狀晶體構成的小小宇宙。雪的這分「祕密」令我讚嘆不已。那把放大鏡和那片雪花，是覺醒的鐘聲，是觀看的開始。從那一刻起，我模模糊糊地感受到，當你越仔細地觀看，這已然繽紛的大千世界將會變得更加動人。

學習看苔蘚這件事，跟我第一次對雪花的印象交疊在一起。就在日常感知的邊緣處，有另一個層面，是關於美、關於極小的葉子怎麼如一片雪花般有著完美的排列、關於肉眼難見的生物是如何複雜而美麗。所需要的，就只有注意力和觀看的方法。我發現苔蘚是深入了解鄉野的媒介，就如同森林的祕密知識。本書就是一份進入新視野的邀請。

初觀苔蘚後的三十年間，我一直都把手持放大鏡掛在脖子上。它的掛繩和我的藥袋皮繩總纏在一起，這既是隱喻，也是事實。我所擁有的植物知識有很多不同來源，有從植物本身習得的，有作為科學家訓練而得，也有我身為波塔瓦托米族（Potawatomi）後裔，對傳統知識的直覺連結。在上大學學習它們的學名之前，我一直都把植物視為我的老師。學生時代，對植物生命的兩種觀點，主體與客體，精神與物質，就像纏繞在我頸上的兩條繩索。我被教導植物科學的方式，將我對植物的傳統知識推到邊緣。寫作這本書也是一個重新找回那分認知的過程，期望賦予它適當的地位。

古老的傳說說道，畫眉鳥、樹木、苔蘚和人類——所有的生物曾經共享一個語言。但那個語言早已被遺忘，所以我們得透過觀看、觀察彼此的生活方式，才能夠了解彼此。我想要訴說苔蘚的故事，因為它們的聲音很少被聽見，而我們又有這麼多事情要向它們學習。苔蘚帶著重要的訊息亟待被聆聽，也就是有別於你我、屬於物種的觀點。身為科學家那部分的我想了解苔蘚的生命，而科學提供了一個說故事的強有力的方法，但這還不夠，故事還應該談談關係。苔蘚與我，我們花了很長時間認識彼此。藉著說出它們的故事，我終於能透過苔蘚來理解這個世界。

在原住民的知識體系裡，我們會說一件事必須被四種面向的存在所認識，才能被真正地了解，那四種存在是：心智、身體、情感、精神。科學的知識則仰賴外在的實證資料，透過身體蒐集而來，再由心智去解讀。要說出這些苔蘚的故事，兩種方法我都需要，一個客觀和一個主觀的。這幾篇短文希望兩種認知的方式都得以發聲，讓物質和精神友善地並肩同行。有時，甚至共舞一曲。

01

青苔與岩石的古老對話

赤著腳，我已在夜裡走過這條小徑近二十年，大多時候的感覺比較像是，泥土向上推著我的足弓。我往往不管手電筒了，放手讓這條路帶我穿越闃黑的阿第倫達克山區（Adirondack）回家。踏地的雙足就像琴鍵上的手指，彈奏著記憶中一支有松針和沙地的甜美老歌。我不用思索，就知道要小心跨過粗壯的楓樹根，束帶蛇（garter snake）每天早上都會在這裡曬太陽。我在這兒曾重重撞過腳趾一次，從此以後就記得了。行至山腳下，小徑給雨水沖毀了，我繞進蕨葉叢裡前進了幾步，試著避開尖銳的石子路。小徑沿著一塊隆起的平滑花崗岩抬升，依稀還可以感覺到岩石上殘存著白天的溫度。剩下的路很簡單，只有沙地和草地，一路經過我女兒拉金六歲時踩到過的胡蜂窩，再路過一片賓州槭林子，我們曾在這裡發現一窩鳴角鴞（screech owl）寶寶在枝頭上排成一列熟睡。轉進通往小屋的岔路，在轉角處我聽見涓滴泉響，聞到水氣的味道，感覺濕氣爬上我的腳趾縫。

初來乍到時，我還是個大學生，來到小紅莓湖生物研究站（Cranberry Lake Biological Station）修習野外生物的必修課。我在這裡首次認識了苔蘚，跟著凱區萊奇（Ed Ketchledge）博士穿過森林，用標準配備的手持放大鏡尋找苔蘚。放大鏡是從儲藏室借出來的公家理科教學器材，搭配一條骯髒的掛繩掛在我脖子上。當時我知道自己著迷了，因為在課程的尾聲，我把大學時期寥寥無幾的存款，部分拿去投資了一把像凱區萊奇博士一樣專業等級的博士倫（Bausch and Lomb）放大鏡。

我還保存著那支放大鏡。當我帶領自己的學生走在小紅莓湖周邊的小徑時，我會用一條紅繩掛戴著它。後來我回到小紅莓湖加入研究團隊，最後成為生物研究站的主任。這些年來，苔蘚的變化還沒有我的變化來得大。

環塔步道（Tower Trail）上，凱區萊奇博士當時指給我們看的那一片小金髮苔（*Pogonatum*）仍在原地。每年夏天我都會停下來仔細看上一陣，揣想它究竟可以活多久。

過去幾個夏天，我都在從事岩石的研究，藉由觀察各種苔蘚如何聚集於巨石上，試著摸索群體如何形成。每塊大石卓然獨立，像是一座無人島，矗立於波濤起伏的森林海之中，而苔蘚是島上唯一的住民。我們想弄懂為什麼一塊石頭上可以有十種以上的苔蘚安然共存，而旁邊的另一塊大石外觀看起來差不多，卻全被一種苔蘚獨佔，絕俗幽獨。促成異質多群而非單獨個體的條件是什麼？這問題之於苔蘚非常複雜，更不要說人類了。夏天結束時，我們會有個小小的成果發表，提出我們對岩石和苔蘚的學術發現。

冰河巨礫散布在阿第倫達克山脈之間，一萬年前融冰留下了這些滾落的圓形花崗岩。生苔的巨岩讓森林看上去相當原始，但我知道，從巨岩滯留在冰川沖刷過貧瘠平原的那一天起，到今天被濃密的楓樹林包圍，周遭的風景已變了很多。

大部分的巨石只到我肩膀這麼高，但有些需要梯子，才能把它們看個究竟。我的學生跟我一起用捲尺纏繞巨石的腰部，記錄光線、酸鹼值、裂縫的數量和腐植層表面的深度。我們仔細為所有苔蘚種類編目，大聲喊出它們的名字。曲尾苔（*Dicranum scoparium*）、齒葉棉苔（*Plagiothecium denticulatum*）。這名學生吃力地要記下一切，懇求有沒有比較簡化的名字。但苔蘚不常有俗名，因為沒什麼人為它們費心。它們只有學名，其命名規則多是根據偉大的植物分類學家卡爾．林奈烏斯（Carolus Linnaeus）提出的系統而來。甚至他的瑞典母親賦予他的本名卡爾．林奈（Carl Linne），也為了科學的緣故跟著拉丁化。

這裡周邊許多岩石都有名字，人們把它們當作湖畔的座標：椅子岩、海鷗岩、火燒岩、大象岩、滑梯岩。每個名字背後都有個故事，當我們說起這個故事，它就會帶我們穿越這個地方的過往與當下。

我女兒從小在這樣的環境長大，她們自然而然認為所有岩石都有名字，並為每一塊石頭都起了個綽號：麵包岩、起司岩、鯨魚岩、讀書岩、跳水岩。

我們如何為岩石或其他生物取名跟我們的視角有關，看是從圈內望出去或者從圈外看進來。我們稱呼它們的方式，代表我們對彼此所擁有的知識，所以我們會給心愛的事物取些親暱的小名。我們如何為自己命名，象徵著強大的自主性，等於宣告自己的主權。在圈外，苔蘚有個學名或許就足夠了，但在圈內，它們怎麼稱呼自己呢？

＊＊＊

小紅莓湖研究站的其中一個魅力，就是它年年夏天沒有太大的變化。我們可以每年六月穿上同一件衣服，比方褪色的法蘭絨格紋襯衫，上面還留有去年夏天木頭煙燻的味道。那兒是我們生活的重心，一個真正的家，是所有無限變動裡一個恆常的存在。每年夏天森鶯（parula）都會在食堂旁邊的雲杉上築巢；七月中，藍莓成熟前，有隻熊會固定來巡視營地，牠餓了；河狸老在夕陽西下二十分鐘後，像個發條玩具般游過船塢前；清晨的薄霧總在熊山（Bear Mountain）的南面耽擱留戀。噢！有時候是有那麼點不同。某個嚴寒的冬天，冰雪或許讓岸邊的漂流木移位了。曾經，有塊樹枝長得像蒼鷺脖子的銀灰色舊木，給沖到湖泊灣區下方六十英尺遠。某個夏天，一棵腐朽的老白楊樹的樹頂被一陣大風給吹走，吸汁啄木鳥（sapsuckers）終於換了一棵樹築巢。就算有些變化，也會是類似的模樣，像是水波在沙地上留下的圖案，湖水可以從平靜無波捲到五尺那麼高，白楊樹的葉子在下雨前幾個小時聽起來的聲音，夜晚雲朵的質地預告了隔天的風。親近土地讓我得到力量和慰藉，那種感覺像是，如果知道岩石的名字，我就知道自己在這個世界的位置。在這片郊野的涯岸，我的內心，是外在世界近乎完美的倒影。

因此，我很訝異今日之所見。在這條再熟悉不過的小徑上，我的小屋幾英里以外的岸邊，它擋住我的去路。因為迷失了方向，我停下來喘口氣，環顧四周，確認我還在對的路上，沒有晃蕩到什麼所見非實的陰陽魔界。這條路我已數不清走過幾遍了，但直到今天我才看到它們：五塊石頭，每塊都像校車巴士那麼大，疊成一堆，彼此的曲線契合得像是簇擁著彼此的老夫老妻。應該是冰川把它們推擠成這副恩愛的模樣後，便繼續向前流動。我繞著石堆，靜靜地，讓指尖撫過上方的青苔。

東邊的岩石之間有個黑洞般的開口。不知怎地，我就是知道它在那兒。那道門我從未見過，看起來卻莫名地熟悉。我來自波塔瓦托米族的熊部族，熊是醫藥知識的持有者，跟植物有著特別的關係。牠正是叫得出植物名字、知道植物所有故事的關鍵者。我們需要牠的洞察力，幫助我們找到自己的天賦。我想我已經追隨著那隻熊了。

大地本身似乎也警醒著，所有細節反常地清晰。我站在一座迷幻寧靜的島上，時間像岩石一樣厚重。我甩甩頭，想看得清楚些，此際我聽能見熟悉的聲響，岸邊浪濤刷刷，紅尾鴝（redstarts）在我頭上方啁啾。那個山洞召喚著我，雙手雙膝帶我深入了那片黑，從石堆下方爬過，想像有個熊窩。我躡手躡腳地往前，岩石摩擦著我裸露的手臂。約莫在一個轉彎處，外面的光線消失在我身後。我呼吸著帶著涼意的空氣，沒有熊的氣味，只有軟土和花崗岩的味道。

我憑著手指摸索繼續往前，但其實不太明白自己為什麼這麼做。山洞裡的地面往下傾斜，乾乾沙沙的，雨水好像不曾深入到這裡。前方另一個轉角，坑道開始往上，前頭有森林的綠光，於是我繼續往前。我想我應該爬過了整堆石頭下方的通道，到達另一端了。我從坑道裡蠕動出來，發現自己竟然不在森林裡，而是沒入了一片綴滿小草的原野，被一圈石頭牆包圍。這是一個房間，充滿了光線的房間，好像一顆圓滾滾的眼珠要望進蔚藍的天。印第安畫筆花（Indian paintbrush）茂密怒放，帶著乾草香氣的蕨類給圈上矗立的大石鑲了邊。目光所及沒有任何缺口顯現所來之路，我感覺入口在背後闔上。環顧一圈，再也看不到岩石間的縫隙。一開始我很害怕，但草聞起來有陽光的溫暖香氣，石壁上青苔露滴。多奇怪，我還能聽見紅尾鵟在外頭的樹上叫著，而我被滿是青苔的牆圍住，圈外的平行宇宙如海市蜃樓般消散。

在石頭圈內，我的思考和感官莫名停擺了。這幾塊大石充滿意念，它的存在深深吸引其他生命。這裡是力量之所在，以很長的波長與其他能量共振。在岩石的凝視之中，我的存在被認可了。

這些大石比緩慢更緩慢，比強壯更強壯，但它們生出一片像冰川一樣強而有力的柔軟綠蔭，青苔磨耗石頭的表面，一點一點地磨成粒，緩慢地變回沙。青苔和岩石之間，一直在進行著一場古老的對話，那肯定成了詩。關於光和影和大陸的漂移。這便是所謂的「石上青苔之辯證——廣袤與渺小，過去與未來，柔軟與堅硬，平靜與波動，陰與陽之間的交界」[1]。肉

1 作者註：Schenk, H. *Moss Gardening*, 1999.

與靈共存於此。

苔蘚群落對科學家來說或許還是個謎，但它們早已熟稔彼此。身為親密的夥伴，苔蘚熟知岩石的輪廓，記得雨水滲入隙縫的路徑，就像我牢記回到小屋的那條窄路。站在石圈內，我知道苔蘚有自己的名字，在林奈之前、在他為植物用拉丁文命名之前，就有了名字。時光荏苒。

我不知道自己消失了多久，是幾分鐘，還是幾個小時。在那段空白裡，我沒有感覺到自己的存在。一切只有岩石和苔蘚。苔蘚和岩石。好像是隻手輕輕搭在我肩上，我才回過神來，看向四方。出神狀態給打破了。我又聽到紅尾鵟在我的頭頂上方叫著。周圍環伺的牆上閃耀著各種各樣的苔蘚，當我再看到它們，就好像初次見面。綠色、灰色、老的、新的；此地，此刻，這個當下它們聚息於冰川之間。祖先們知道岩石擁有地球的故事，那個瞬間我聽到了。

我的思緒亂哄哄的，一陣惱人的嗚響中斷了石頭間緩慢的對話。牆上的門又出現了，時間開始流動。這石圈曾經出現一個入口，那是一份禮物。我開始用不一樣的眼光看事情，從圈裡，也從圈外。那是一份帶著責任的禮物。我一點都沒打算叫出此處苔蘚的名字，給它們冠上林奈式的稱謂。我想，我被交託的任務，應該是傳達這樣的訊息：苔蘚有自己獨一無二的名字。它們存在於世界的模樣，不只限於一筆筆的科學資料。它們提醒我，要記得有一些謎題，連量尺也起不了作用；有一些問題與答案，在岩石和苔蘚的真理之前顯得微不足道。

出坑道似乎容易得多，這次我知道該往哪走。我回頭望向石群，然後再次邁開腳步踏向往家的熟悉小徑上。我知道，我正跟著那隻熊。

02

聆聽苔蘚

歷經幾個小時三萬兩千英呎的跨洲飛行，我終究還是敵不過昏沉。起飛和降落之間，我們進入休眠模式，像生命章節中的一個頓點。看往窗外，沐浴在刺眼陽光下的風景不過是一片平面的投影，山脈化約成大陸表面的皺褶。我們從空中經過似乎沒造成任何驚擾，有其他故事在底下開展了來。八月暖陽下，黑莓成熟了；一個女人打包好行李，卻在門口踟躕；一封信被打開，某張令人驚訝至極的照片滑出信紙之間。我們移動得太快、太遠了，所有的故事，除了我們自己的，都離我們遠去。我把頭從窗戶轉回來，那些故事沒入下方綠色棕色形成的二維地圖，如同鱒魚消失在突出堤岸的陰影下，而你的目光還停留在水面，思忖著方才究竟是看到了什麼。

我戴上最近新配、還不太習慣的閱讀眼鏡，惋嘆自己的中年視力。書頁上的文字漂浮著，不斷聚焦、失焦。曾經這麼清楚的東西，怎麼可能再也看不清？掙扎著要看清眼前之物的這份徒勞，讓我想到第一次去亞馬遜雨林的時候，地陪總是耐心地為我們指出在枝頭上休息的鬣蜥，或者從林隙間向下盯著我們的巨嘴鳥。他們嫻熟眼力能輕易看到的事物，我們幾乎根本沒注意到。因為欠缺訓練，我們毫無從光線和陰影形狀辨別出那是一隻「鬣蜥」的能耐，即使牠就在我們眼前，我們還是視而不見。

目光短淺的人類我輩，既不像猛禽天生擁有敏銳的遠距視力，也沒有蒼蠅的全景視覺。好在人類的腦夠大，至少讓我們能覺知自身目光的限制。幸好我們還保有幾分人類所短少的謙遜，願意承認還有太多我們看不到的，因此想方設法來觀察這個世界。紅外線衛星影像、光學望遠鏡、哈伯太空望遠鏡（Hubbell space telescope）把浩瀚帶到我們眼前。電子顯微鏡讓我們悠遊在自身細胞的遙遠宇宙之中。以肉眼這種中尺度來說，我們的感官似乎異常遲鈍，一定要借助精密的科技，千辛萬苦才能看到超外之物，但卻經常對近在咫尺、生趣橫溢的各種細節視若無睹。我們覺得自己在看，但常常只抓到表面。我們身上這種中尺度的敏銳度似乎鈍化了，不是因為眼睛退化，而是心的開放程度。我們是否太仰賴裝置，導致不信任自己的雙眼呢？或者，我們是否輕忽了不需要科技、只需要時間和耐心來感受的事物？專注，比任何強力放大鏡都還有效。

我還記得和北太平洋的初次邂逅，是在奧林匹克半島（Olympic Peninsula）上的里爾托海灘（Rialto Beach）。身為內陸型的植物學家，我好期待第一眼看到的海會是什麼樣子，在蜿蜒土路的每個轉彎處都伸長了脖子張望。我們抵達時，一陣濃重的灰霧留戀著樹梢，讓我的髮際滿是濕氣。如果天空很晴朗，可能我們只會看到預期的事物：奇石嶙峋的海岸、鬱鬱蔥蔥的森林，還有廣袤的海洋。不過那天，空氣滯濁，只有在北美雲杉（Sitka Spruce）短暫從雲層中露臉時才看得見背後的海岸丘陵。從拍岸的濤聲，我們知道海就在那，在潮池的後方。奇怪的是，在這份無限的邊緣，世界變得很小，濃霧遮住了一切，只剩中等距離的視線範圍。我壓抑著想看見海岸全景的欲望，最後注意力全集中在我唯一所能見到的事物上，也就是海灘和周圍的潮池。

我們在一片灰中遊逛，很快就看不見彼此，友伴只消幾步之遙就像鬼魅般消失，只剩壓得低低的聲音還連結著大家，嚷嚷著發現了一顆完美的礫石或剃刀蛤（razor clam）完好的外殼。我把戶外指南讀得滾瓜爛熟，想像這趟旅行「應該」要在潮池看到海星，而且會是我第一次看到真正的海星。在這之前，我只在動物學課上看過乾掉的海星，於是一直很想看看牠們在棲地裡的樣子。檢視海洋貽貝和笠螺時，我沒有看到任何海星。潮池嵌滿藤壺和外表奇特的海藻、海葵、石鱉，足以滿足潮池新手的好奇心，但就是沒有海星。我邊在岩石間找路，邊把月亮色的貝殼碎片跟被海水雕琢的小小漂流木放進口袋，繼續找呀找，還是沒有海星。失望之餘，我在潮池內站直身子，舒展僵硬的背部，突然間——我看到了！亮橘色，就在眼前的岩石上。然後一切就像簾幕被拉開了，到處都看得到牠們，像在黝黑的夏夜，星星一顆一顆閃耀著，橘色星星躲在黑色岩石縫間，布滿斑點的勃根地紅色星星伸出手臂，紫色星星窩在一起，像家人彼此簇擁著抵抗寒冷。尋牠千百度，原本看不見的突然間看得見了。

一位來自夏安[2]的長輩曾告訴我，要發現事物最好的方法不能透過尋找。身為科學家的我，覺得這個想法很不可思議。他說要對目光所及之外的範圍敞開各種可能性，這樣你所尋覓的自然會出現。就在幾分鐘前看不到的東西，突然間昭然若揭，對我而言是個昇華的經驗。當我回想那些時刻，依然可以瞬間感覺到一種擴展。我的世界和其他生命的世界之間的邊界忽然因為這分明晰清澈而撐開了，令人充滿謙卑和喜悅。

＊＊＊

視覺感知突然開啟，一部分和大腦運作「圖像搜尋」（search image）的能力有關。當看到一個複雜的景象時，大腦會先登錄所有接收的資訊，不加評判。五個向外伸展的橘色手臂像是星星，平滑的黑色岩塊，光線和陰影。這一切都是輸入端的訊息，但大腦不會立刻解讀資訊並將意義傳遞給意識，除非圖案一直重複，意識因此產生回饋，我們才會知道自己看到了什麼。動物便是靠著這能力敏銳追蹤獵物，將複雜的視覺圖案區分為食物的訊號。比方說，有些鶯在某種毛毛蟲肆虐時是高超的掠食者，因為毛毛蟲的數量多到足以在牠們腦中形成搜尋的圖像。不過，同樣的毛蟲在數量稀少時，便不容易被發現。神經傳導路徑必須藉由累積經驗來訓練，才能夠處理所見之物。突觸（Synapses）激發，出現星星形狀時，原本看不到的就會瞬間豁然開朗。

從苔蘚的眼光，一個六英尺高的人類穿過森林，跟飛越三萬兩千英尺的大陸有異曲同工

2 譯註：Cheyenne，懷俄明州第一大城。

之妙。我們離地遙遠，又趕著到某個地方，很可能錯失了解腳下整個王國的機會。我們日復一日經過，卻從未看見它們。苔蘚和其他小生物發出一封邀請函，打算在人類日常感知的邊界住上一段時間。我們要做的唯有專注，用某種方式觀看，一個全新的世界就將鋪展於眼前。

我的前夫曾經揶揄我對苔蘚的熱情，說苔蘚充其量就是個裝飾罷了。他認為苔蘚不過是森林的壁紙，為樹林的照片營造一點氛圍。大片苔蘚的確形成了亮麗的綠光。不過，若把鏡頭對焦在青苔壁紙和柔焦的綠色背景，細節就變得更清楚，出現了一個新次元的空間。那張壁紙乍看之下只是一張單調的織物，其實卻是片華美的織錦，上面繡著精緻的圖案。事實上「苔蘚」有很多種，千秋百態，有葉形窄長像迷你蕨類的，有橫向梭穿像鴕鳥羽毛的，也有團簇如嬰兒細髮的。每當遇見長滿青苔的圓木，我都覺得好像進入了一家奇幻的織品店，展窗充滿各式各樣的紋理和色彩，邀請你靠近細看陳列在眼前的捲捲布匹。你可以讓指尖滑過垂墜的棉苔（*Plagiothecium*），或讓手指埋入滑順的小錦苔（*Brotherella*）錦緞，還有深色毛絨的曲尾苔（*Dicranum*）、金色長條狀的青苔（*Brachythecium*），以及閃亮如絲帶的提燈苔（*Mnium*）。棕色瘤狀的草苔（*Callicladium*）頂端的花呢給細濕苔（*Campylium*）的金線穿過。若是疾疾走過而沒看上幾眼，就好像邊講手機邊經過名畫《蒙娜麗莎》卻毫無知覺。

再靠近這張綠光和影子形成的地毯，纖細的枝條在結實的樹幹上方形成一個綠意成蔭的藤架，雨水從綠幕中滴下，錫蘭偽葉蟎（scarlet mite）在葉間遊逛。周圍森林的結構是由重複的苔蘚地毯形成的，冷杉森林和苔蘚森林相互映照。我再把注意力移到露珠上，森林的景色成了模糊的背景，襯托著前方秀異的苔蘚世界。

學習觀察苔蘚，比較像是靠聆聽，而非觀看。匆匆一瞥不足以成事。豎起耳朵，拚命想聽清遠方的聲音或捕捉對話裡沉默而細微的弦外之音，都需要高度的專注，得過濾一切雜訊，才能真正聽見樂音。苔蘚不是背景音樂，是交織纏繞的貝多芬弦樂四重奏。觀察苔蘚的方式，可以像是細細諦聽水流撞擊岩石，溪流有很多種聲音，令人平靜，苔蘚也有各種綠意，使人舒心。費曼之家[3]的特色便是溪水聲，溪流波波沖激而下，拍打岩石，濺起水花。如果專注又安靜，便能從河溪的賦格曲中辨別出音律。水滑落在巨石上的音階，比礫石移動的音調高了八度，渠道滿溢，水在岩石之間汩汩流淌，鐘聲般的音符一滴滴落入池裡。觀看苔蘚亦如是。緩下來，趨近，圖樣便會從絲線交織的絨繡裡浮現、擴展開來，縷縷絲線既有別於整體，又是整體的一部分。

3 譯註：Freeman House，為美國建築師法蘭克．洛伊．萊特（Frank Lloyd Wright）設計的住家，一九二三年建於洛杉磯，其特色為「織物紋樣砌塊風格」（textile block），萊特類似風格的住宅建築作品還有均位於南加州的恩尼斯之家（Ennis House）、史托瑞之家（Storer House）和米拉德住宅（Millard House）。此處應為作者將萊特另一知名作品「落水山莊」（Falling water）誤植為「費曼之家」。「落水山莊」位於賓州，建於一九三七年，是一座位於溪流與水瀑之上的住宅，曾被譽為美國建築史上最偉大之作。

若能懂得單片雪花的碎形幾何學[4]，冬天的景色就更加令人讚嘆。苔蘚能豐富我們對世界的了解。當我看見生物課學生學習用全新的方法看待森林，我就感覺到不一樣了。

夏天時，我教生物課，我們會在林間漫步，分享苔蘚。頭幾堂課都是一場冒險，學生們開始分辨苔蘚，先用肉眼，再用放大鏡看。我好像助產士一般，為覺醒接生——他們第一次分辨清楚生苔的石頭不是被「一種」苔蘚覆蓋，而是二十種不同的苔蘚，每種都有自己的故事。

無論在步道上或研究室裡，我都喜歡聽學生們聊天。他們的字彙一天比一天增長，得意地指稱剛發的綠芽為「配子體」[5]，還有如實叫出苔蘚頂端那個什麼來著的東西為「孢子體」[6]；挺立成簇的青苔稱作「頂蒴苔」（acrocarps），水平而葉形窄長的叫「側蒴苔」（pleurocarps）。賦予這些形體一個名字，讓它們的差異更加顯著。因為文字，我們得以看得更清楚。找到適當的詞彙是學習觀看的又一步。

當學生們開始把苔蘚放入顯微鏡下，另一個世界和詞彙系統又開展了來。每一片葉子都被小心拆解，放到載玻片上仔細研究。經過二十倍放大，葉片表面是如此巧奪天工。照穿細胞的光線明亮了它們優雅的形狀。探索著這些小地方時，時光彷若消失了，像散步經過一個畫廊，當中的形體和色彩出人意表。有時，我在一個鐘頭之後從顯微鏡上回過神來，日常世界的平淡令我吃驚，一切形狀都是那麼單調與意料之中。

顯微描述（microscopic description）的語言，說服力在其精確性。葉片邊緣不僅不平滑，還有一套形容葉緣狀態的詞彙：dentate 用來形容大而粗糙的齒牙，serrate 指的是像鋸片的齒邊，serrulate 則是較細小平整的鋸齒，至於 ciliate 是沿著葉緣長出的纖毛。plicate 形容葉子如手風琴那樣折疊，complanate 則像壓在書中兩頁之間那樣平坦。即使苔蘚構造上的小細節也有對應的字彙。學生們交流這些字彙，像說著某個集團的祕密語言，我看見他們之間的情誼增長。這些字詞也代表人們對植物的細膩觀察，就算一個單獨的細胞，也有屬於它們獨一無二的描述符號——mammillose 像胸部般的乳突，papillose 指很多疣狀突出物，pluripapillose 形容許許多多像水痘的疣突。它們乍看似乎都是晦澀的術語，這些字詞卻有自己的生命。有什麼字比 julaceous 更適合用來形容厚圓飽水的幼芽呢？

苔蘚之於一般人如此陌生，只有少數有俗名，大部分都只以拉丁學名為人所知，因此人們大多沒什麼動力去認識它們。但我喜歡學名，學名跟它們所屬的植物本身一樣美麗精微。就沉浸在文字的音律裡吧，脫口說出明角黑澤苔（*Dolichotheca striatella*）、細枝羽苔

4 譯註：fractal geometry，為新興的一門數學分支，由法裔美籍數學家曼得布洛特（Benoit Mandelbrot）於一九七〇至八〇年代發展出的一套幾何學，相較於傳統幾何的整數維度，這套幾何學更能細膩的描述出自然界物體的外形，例如樹木的分枝、海岸線、樹葉、閃電、雲朵、流水等等。

5 譯註：gametophyte，為植物世代交替的生活史中，具單倍數染色體的植物體。

6 譯註：sporophyte，為植物世代交替的生活史中，由兩個單倍體的配子融合，形成單細胞的二倍體的合子，合子再經過有絲分裂後形成多細胞的孢子體。

（*Thuidium delicatulum*）、北地扭口苔（*Barbula fallax*）。

不過，要認識苔蘚，不需要知道學名，我們賦予苔蘚的拉丁名就只是隨機的組合。當我遇見新的苔蘚種類，還沒能夠以正式的名稱來認識它的時候，我會幫它起一個我能夠理解的名字：綠絲絨、捲毛頭、紅藤。字眼其實無關緊要，對我來說，更重要的似乎是要認得它們，辨識它們的獨特之處。在原住民的認知中，所有生物都是非人類的人（non-human persons），也都有各自的名字。以名字來稱呼一個生命是一種尊重的表現，忽略它便是無禮。字詞和名字是我們人類建立關係的方法，不只是跟彼此，跟植物亦然。

「苔蘚」一詞常被用在其實並非苔蘚的植物身上。馴鹿「苔」（Reindeer moss）是一種地衣，「西班牙苔蘚」（Spanish moss）是空氣鳳梨，海「苔蘚」（sea moss）是種海藻，「棒狀苔蘚」（club moss）指的是石松（lycophyte）。那麼苔蘚究竟是什麼呢？真正的苔類（moss）或苔蘚植物（bryophyte）是最原始的陸地植物，它們經常被拿來跟常見的高等植物比較，其形容多半著眼在它們所缺少的：沒有花、沒有果實、沒有種子、沒有根系、沒有維管束、沒有木質部以及韌皮部來輸送內部水分。它們是最簡單的植物，單純裡有優雅。靠著一些基本的莖葉構造，便演化出兩萬兩千多種散布於世界各地的苔蘚，每一種都是主題的變奏，每一種獨特的存在都恰如其分地滿足了各生態系統裡的微小生態區位[7]。

觀察苔蘚，讓認識森林的過程變得更為深刻親密。走在林間，只憑著顏色就能辨識出五十步之外的物種，讓我和這個地方深深連結著。那一抹綠意捕捉光線的方式，透露了它的身分，好像你在見到朋友之前，已經認出他們的腳步聲；好像滿室喧嘩中，你還是能聽到摯愛的人說話的聲音；或者在人山人海之中，仍可以發現自己孩子的微笑。即使在世界裡沒沒無名，一份緊密的連結卻讓我們識得彼此。這份連結感來自於一種特別的辨識能力，一種因為長期觀看、聆聽而培養出的「圖像搜尋」能力。當敏銳的視覺不管用的時候，親密感給了我們另一種不同的觀看方式。

7 譯註：niche，指物種所處的棲息環境，以及與其他生物之間的關係。

03

小之所長：活在邊界

我牽著一個嚎啕大哭的幼兒，引來一位苦瓜臉女士嫌惡的側目。因為我強迫外甥女得牽著我的手過馬路，她傷心欲絕，用盡全身力氣大吼大叫，「我才沒有很小！我要長大！」要是她知道這個願望多麼容易成真，恐怕就不會這麼說了。

回到車上，她又因為被扣坐在安全座椅上，一直發出不甘受辱的哀叫聲。我試著跟她講理，告訴她小的好處：可以躲進丁香花叢下的祕密要塞，讓她哥哥找不到，還可以坐在奶奶的腿上聽故事，很棒吧？但她還是不買帳。回家的路上她睡著了，手上緊抓著新風箏，小嘴還倔強地噘著。

我曾經帶了一塊滿是青苔的石頭到她幼兒園的說話課上，問這群孩子苔蘚是什麼？他們很快就跳過動物、植物還是礦物的問題，直指最突出的特點：苔蘚很小。孩子們立刻就發現這一點了。這個顯著的特質大大影響了苔蘚如何存在於這個世界。

苔蘚很小，因為缺少支持系統讓它們站立。大的苔蘚多半長在湖邊和溪畔，由水來支撐它們的重量。樹木之所以高峻挺拔，是因為有維管束、木質部和厚壁管狀細胞，輸送植物內的水分，就像木質的水管。苔蘚是最原始的植物，沒有任何維管束組織，如果長得更高些，纖細的莖部便無法支撐它們的重量。缺乏木質部也意味著無法從土壤中將水傳輸到枝芽頂端的葉部，而只有幾公分高的植物沒辦法保水。

不過，小也不見得不好。從生物的角度來說，苔蘚佔了很多優勢——它們幾乎存在於地球上各類生態系，數量多達兩萬兩千種。就像我的外甥女可以找到小地方躲藏，苔蘚可以在各式各樣的微群落（microcommunities）內存活，小反而有利。無論人行道之間的縫隙、橡樹的枝枒、甲蟲的背部，還是峭壁的暗礁，苔蘚都可以填滿植物之間的空隙，迷你優雅，充分利用小的好處，冒險拓展自己的疆域。

樹木有廣泛的根系和樹冠層，毋庸置疑是森林的霸主，但它們的競爭優勢和厚重落葉卻不是苔蘚的對手。樹木總是競爭陽光的贏家，苔蘚很小，吸收不到光，所以經常只能在陰影處生長、繁茂。苔蘚葉片內部的葉綠素跟其他仰賴陽光的植物不同，能夠自我微調，接收從林蔭間穿透出來的光線波長。

苔蘚在常綠植物遮蔭之下的濕潤環境裡繁衍，形成一片厚實的綠地毯。但落葉林在秋天時，地面幾乎無法讓苔蘚生存，它們被悶在落葉鋪成的暗黑濕毯下。這時苔蘚會重新從木頭上的飄零葉片和像平原上孤峰般的樹墩間找到歸宿，它們有辦法生長在樹木長不了的地方，甚至連岩石、峭壁表面、樹皮這些堅硬又難以穿透的基底也不例外。苔蘚優雅的適應能力，使它們不受環境限制，反而能把處處都變成主場。

苔蘚長在表面：石頭上、樹皮上、木頭上，也就是土地和空氣最初接觸的小小空間，這個會合的介面稱為邊界層（boundary layer）。苔蘚跟岩石和木頭緊密相依，完全貼合基部的輪廓和質感。它的迷你絕不礙事，反而能充分融入邊界層獨特的微環境。

空氣和陸地之間的介面是什麼?即使微小如葉，或巨如丘壑，每種表面都有一個邊界層。我們都曾有過這樣的經驗，當你在某個晴朗的夏日午後躺在地上，仰望雲朵來去，你便是將自己置身於地球表面的邊界層之上。一旦躺平在地表，風速就減低了，如此你幾乎感覺不到如站立時感受到的拂過髮際的微風。地上很溫暖，被陽光曬暖的土地將熱反射回你身上，地表沒有風，因此熱氣久久不散。地面上的氣候跟六呎高的氣候迥然不同。我們在地表感受到的，在所有的表面都一樣，無關面積大小。

空氣看似不存在，卻與它觸碰到的事物進行著挺有意思的互動，就如水流也與河床的輪廓互動著。當流動的空氣經過某種表面，例如岩石，這個表面就會改變空氣的行為。倘若沒有任何阻礙，空氣就會順暢地以線性移動，稱為「層流」（laminar flow）。若我們看得見空氣，它會像水在一條平靜深河裡流動。當空氣遇到任何表面，摩擦力會拽著流動的空氣讓它慢下來，從水流可以看出這點，當河遇到崎嶇的底部或倒木，水流就會慢下來。當層流被表面的阻力給阻斷，氣流便會分散為不同速度的氣層。高處的空氣急速地成片流動，底下是整區的亂流，任何的障礙物都會引發氣旋。接近地表時，氣流變得越來越緩慢，直到緊貼地面，氣流便靜止下來，被表面的摩擦力抓住。當你躺在地上，感受到的就是這層靜止的氣流。

再把尺度拉大一點，每年春天我都會遇到這些氣層。每年第一個溫煦的四月天，門廊掛著的美麗風箏已垂墜著一整個冬天的蜘蛛網，它們隨著清風窸窣作響，提醒我們天有多藍。

然後我們就會出門，在邊界層放起風箏。在我們這處避風的山谷，微風很難得能立刻接住孩子們跟我最愛的這只大龍風箏，我們得在後院的牧場瘋狂來回奔跑，還得閃避牛糞，試著製造夠強的風帶著風箏上升。地表處的風速很慢，很難支撐風箏的重量，風箏給困住了，因為微風力有未逮。只有當我們瘋狂衝刺時，其中一個風箏升起，擺脫了靜止的空氣層，才會順著線的方向起舞。當它狂亂到瀕臨墜落，代表它正上升到亂流區。最後，風箏的線繃緊，紅黃相間的龍滑進上方自由的氣流區。風箏之於層流的氣層，就如同苔蘚之於邊界層。

我們的牧場布滿冰河留下的岩石。我停下腳步，坐在其中一塊大石上，解開風箏線，聆聽野雲雀的叫聲。岩石還殘留著陽光的溫暖，上頭遍布柔軟的苔蘚。我可以想像空氣的形狀，氣流流過周圍，直到遇到某個表面，也就是苔蘚生長之處。陽光的溫度被鎖在薄薄一層靜止的空氣當中。由於空氣幾乎凝結不動，產生一層隔絕層，就像防風窗中間的無效空間，有阻斷熱氣交換的效果。春寒料峭，岩石表面的空氣卻溫暖得多。就算溫度低到冰點以下，長在陽光照過的岩石上的苔蘚也可能像是浸在水中。因為體積很小，苔蘚可以在邊界層生長，就像盤旋在岩面上方的一個飄浮溫室。

邊界層不僅留住溫度，也留住水蒸氣。受潮木頭表面蒸散的濕氣會停留在邊界層，產生一個濕氣帶，苔蘚便會在此生長。只有在夠濕潤的時候，苔蘚才長得起來。乾燥會使得光合作用停止，成長也會中斷。其實適當的生長條件可遇不可求，因此苔蘚長得很慢。邊界層延長了成長的一絲機會，不讓風把濕氣帶走。苔蘚小到只長在邊界層，因而得以享有溫暖潮濕的棲地，這點是其他體積較大的植物難以望其項背的。

除了留住水蒸氣，邊界層還能保住氣體。在木頭上薄薄的邊界層裡，空氣的化學成分跟周遭森林裡的迥然不同。腐木上住著數不勝數的微生物，真菌和細菌持續分解木頭，跟拆屋鐵球的效果差不多。分解者持續工作，慢慢將堅實的木頭變成粉碎的腐植質，釋放出鎖在邊界層裡充滿二氧化碳的蒸氣。周遭大氣的二氧化碳濃度約為三百八十萬分之一，而木頭上的邊界層所含的二氧化碳濃度，可能是大氣中的十倍。二氧化碳是光合作用的原料，被苔蘚濕潤的葉子吸收。邊界層不只為苔蘚提供了舒適的微氣候，還有加倍的二氧化碳供應光合作用。有哪裡比得上這兒呢？

小到可以住在邊界層，是一種顯著的優勢。苔蘚找到了適合它們體型優勢的微環境，假如幼芽長得太高，碰觸到亂流區的乾燥空氣，苔蘚的生長就會受到抑制。我們可以依此推測苔蘚都差不多小，符合邊界層的界線。不過，苔蘚的棲地範圍倒是各有千秋，從低矮的藍莓灌木到高聳的紅杉都有可能。它們可能存在於地表上一公釐，也可能位在十公分高的植被群裡。這樣的高度差異可以追溯到特定棲地裡，邊界層的深度差異。岩石表面會接觸到風與全日照，邊界層很薄，長在這種乾旱地方的苔蘚就會很小，才能受到邊界層的保護。相較之下，長在森林岩石上的苔蘚就會比較高，但依然保持在舒適的微氣候裡，因為岩石的邊界層受到整個森林本身的邊界層庇蔭，樹木讓風和緩下來，樹蔭減少蒸散作用，為進入乾燥的大氣層提供緩衝。在潮濕的雨林裡，苔蘚可以長得茂盛高大。邊界層有多大，苔蘚就能長多大。

苔蘚可以透過改變形狀，來控制它們本身邊界層的深度。任何表面只要能夠增加與流動空氣之間的磨擦力，就能夠讓空氣慢下來，產生一個較厚的邊界層。粗糙的表面比起平滑的表面，確實能減慢空氣經過的速度。想像狂風暴雨時被困在大草原上，強勁的風將雪片吹打在臉上，為了避風，你躺下，在地表的邊界層尋求庇護。假如可以二擇一，躺在空曠的地方還是草很長的地方，你覺得哪個會比較溫暖呢？草長得高，減慢空氣的流動，形成一個較大的邊界層，幫助保存體溫。苔蘚也是運用相同的原理來擴大它們上方的邊界層。苔蘚表面的質地會形成氣流的阻力，阻力越大，邊界層越厚。就像一個草長得很高的微型草原，苔蘚的新芽會產生相應的變化來減慢空氣活動：許多苔蘚種類的葉子窄長又直挺挺的，好讓周遭的氣流慢下來。還有長在乾燥地區的苔蘚，葉子上常有密密的毛、長而捲曲的葉尖和小小的刺，它們也能減緩空氣流動，減少水分的蒸散，創造出一個厚實的邊界層。

在乾旱地區，苔蘚往往需要依賴露水供給每日需要的水分。大氣和岩石表面的交互作用，為形成露水提供了環境條件。夜晚時分，陽光的熱度散去之後，岩石表面（還留有一些餘溫）跟空氣的溫差使水氣容易凝結，就在空氣和石頭的接觸面形成了一層薄薄的露珠，供給苔蘚滋潤。只有很微小的生物才有辦法利用沙漠中這種稀薄、轉瞬即逝的水氣，憑藉露水生存。

安全宜人的邊界層為苔蘚提供了安全的庇護，但同樣滋養、同樣有利生存的環境，卻對下一代帶來新的挑戰。就跟我的外甥女一樣，苔蘚終有一天必須脫離長者的保護，找到自己獨特的位置。苔蘚透過產生孢子來繁殖，迷你的粉狀繁殖芽需要風把它們帶到遠方，大部分孢子無法在親輩的葉片覆蓋之下發芽，因此非脫離不可。邊界層的氣流很安定，不足以讓孢子散播開來。因此，為了要搭上微風的便車，讓風帶孢子離開家園，苔蘚必須依靠長長的莖部「蒴柄」（seta）將孢子抬高，伸出邊界層上方。快速成熟的孢子體被推出邊界層外，進入亂流區，就像風箏乘風而上。空氣在囊部產生氣旋，將孢子拉出，帶著這些孢子傳播到其他地方。就如同每種生物的幼輩，這些孢子也脫離了親輩賦予的限制，在廣闊的新天地裡尋找自由。

莖部「蒴柄」的長度跟邊界層的厚度有很密切的關係。生在森林裡的苔蘚，蒴柄就必須長得夠高才能突破邊界層，接觸到吹過森林地表的微風。比起來，開放地域的苔蘚所在的邊界層較薄，蒴柄也比較短。

苔蘚長在其他體積較大的植物所生長不了的空間。苔蘚的存在是一場渺小的歡慶，它們獨特的姿態，完美契合了空氣和土地之間的自然法則。小，雖是限制，也是力量。我會這麼跟我外甥女說。

04

復回水塘

濕潤的微風把我吹得瑟瑟發抖，但我沒有勇氣在這四月天的夜晚起來關窗，此時正是由冬入春的時節。雨蛙[8]微弱的聲音跟著冷空氣飄進來，但這還不夠。我還要更多。我走下樓，在睡袍外罩上羽絨外套、裸足滑進我的北極熊雪靴（Sorels），把壁爐的餘溫留在廚房。我一邊重步行走，靴子的鞋帶拖著片片殘雪，跟著我來到農舍上方的池塘邊。我大口吸進濕地的氣息。某個聲音吸引著我前行，越走近那聲音，就像走進一個漸強音，群聲越來越高亢。我又打了個冷顫，空氣跟著雨蛙的集體唱和震動，連外套的尼龍表面都窸窣顫動著。我很訝異是什麼魔力的召喚，把我從睡夢中挖起，把雨蛙帶回池畔。我們是不是都通曉某種語言，才會被吸引到此地？雨蛙牠們自有打算，那麼是什麼引我來此，在這條聲音的河流中站得挺立如石？

這個持續不斷的聲音召喚所有附近的雨蛙來集合，在春天來臨時，群聚求偶繁殖。雌蛙在淺水區域排卵，接著雄蛙排出一團乳白色的精子覆蓋住卵，卵被膠狀物包圍住之後，會慢慢孵化成蝌蚪，夏末長成成蛙，時間長到牠們的爸媽都已經跳回森林裡去了。春雨蛙畢生幾乎都是獨居的樹蛙，生存在森林的地面上。不管牠們去到多遠的地方冒險，都必須回到水邊繁殖。兩棲動物的演化史和池塘脫不了關係，最早的脊椎動物便是從水生祖先演化為陸域生物。

苔蘚就是植物界的兩棲動物。它們是第一種從水生過渡到陸生的植物，介於藻類和高等陸生植物之間。苔蘚演化出一些基本的適應能力，能夠在陸地上，甚至沙漠中存活。因為沒有腳，苔蘚得在能力範圍之內，創造類似苔蘚的祖先所存在的原始池塘環境。

翌日下午，我回到靜下來的池畔，打算找些驢蹄草（marsh marigolds）來做晚餐。彎腰採草的時候，我看到昨晚留下的景象：成群的卵塊停留在陽光照射的淺水裡，跟綠藻糾纏在一起，表面布滿帶著氧氣的小泡泡。正當我盯著它看，一個小泡泡閃爍著浮上水面，破了。

祖尼族（Zuni）的傳統知識認為世界緣起於雲朵和水，直到土地和太陽結婚，生出綠藻。綠藻是各種生命的始祖。科學知識告訴我們，在植物出現之前，生命的起源從水裡開始。在淺淺的海灣，碎浪拍打著岸邊，被陽光曬得灼燙的陸地上連棵樹都沒有，更別奢求一方蔭涼。原始的大氣沒有臭氧，陽光熱能全開，曝曬著土地，雨水充滿紫外線輻射，破壞所有上岸生物的DNA。

但海裡跟內陸池塘可就不同了，水過濾了紫外線，綠藻忙著改寫演化史——祖尼族的故事是這麼說的。泡泡從藻絲裡冒出，裡頭的氧氣是從大氣中一個分子接一個分子累積，經藻類行光合作用後所產生的氣體。氧氣這個新的存在，和平流層中強烈的陽光作用後產生臭氧層，後來這個星球所有生物都在它的庇蔭之下。直到那時，地表才變得適合生物生存。

8 譯註：spring peeper，學名 *Pseudacris crucifer*，春雨蛙，樹蟾科，普遍分布美國東部，叫聲尖，是春天最先鳴叫的蛙類。春夏夜晚經常可以聽到牠們的聲音。

典型的苔類（青苔）生命週期

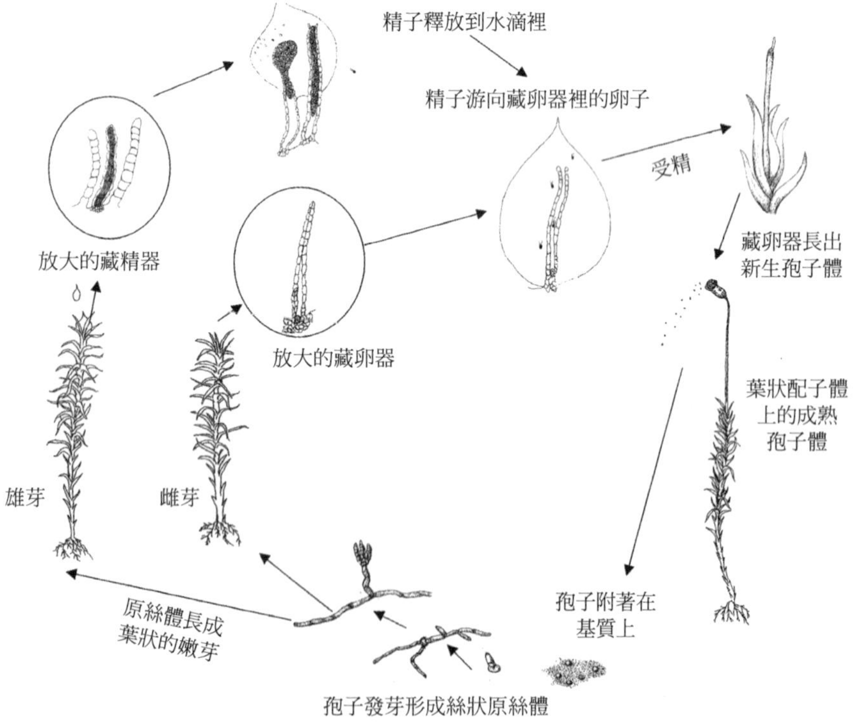

藻類很容易長在淡水池，有水的撐托，又有滿滿的養分，藻類不需要發展出複雜的結構、根系、葉片、花，只需要一團絲狀體（filaments）來捕捉陽光。在這麼溫暖的水域裡，受精一點都不困難。這些滑溜絲線排出的卵在水中漫無目的地漂浮著，精子也被排入水中。精卵一旦結合，便會長出新生藻，不需要一個保護它們的子宮，只要有水就一切完美。

從水裡的寫意生活轉成陸地上的艱苦日子，誰知道這一切會怎麼發生？可能池塘乾了，藻類擱淺在池底，就像離了水的魚；或許藻類佔領了岩岸的陰涼縫隙。化石往往記載著成功的結果而很少保留下過程。但我們的確記得泥盆紀時代（Devonian），三億五千萬年前，出現了最原始的陸地植物，試著脫離水面到陸地上生長。這些先驅植物就是苔蘚。

要放棄舒適的水中生活踏上陸地，可說是個艱難的挑戰，交配尤其困難。藻類的祖先留下漂浮的卵和會游泳的精子，在水裡沒問題，在乾燥的陸地上就顯得累贅。雨蛙卵在乾涸的池塘裡活不了；乾燥的空氣讓水藻也活不下去。苔蘚因此演化出可以面對這些挑戰的生命週期。

有一次，我的籃子裝滿植物，我拿出一個舊罐子，舀了滿滿的池水和雨蛙卵裝進罐子，想要帶回去給女兒看看蛙卵怎麼變成蝌蚪。小時候我好迷這些，喜歡看著卵中間的小黑點長出腳跟尾巴。肥嘟嘟的卵讓我想到懷孕時，身體裡頭那個溫暖的池塘裡，養著一隻扭來扭去的小蝌蚪。我和雨蛙殊途同歸，都回到池塘來迎接新生命，跟孕育我們的水連結。池畔長著簇簇苔蘚，我取了一叢，打算放到顯微鏡下讓孩子們仔細瞧瞧。

為了在陸地上存活，苔蘚演化出超越藻類的全新構造，挺立的莖取代了藻類的懸浮絲。在顯微鏡下，你可以見到螺旋型的精緻葉片與細細的假根，這叢棕色的絨毛可以抓緊泥土。新枝頂端的葉子看起來有點不同，叢聚成緊密的圓圈。有點不太明顯、隱藏在苔蘚頂端整叢葉子上的，就是雌性生殖構造：藏卵器（archegonium）。如果小心翼翼把葉片剝開，可以看到裡頭的樣子：上方有三、四個構造物，栗棕色，形狀像長頸酒瓶。另外一個葉跟莖形成的枝腋上則是另一叢毛絨絨的葉片，把它們撥開後，我看到一群香腸形狀的囊，綠綠鼓鼓的，

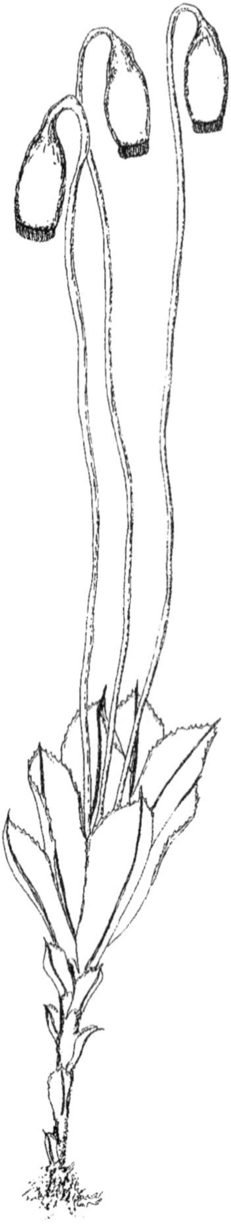

這些是雄性生殖構造藏精器（antheridia），脹滿精子，隨時準備釋放。

苔蘚突破了在乾燥陸地上繁殖的難題。卵子受到雌性生殖器保護而非排入水中。從蕨類到冷杉，所有當代植物都採用苔蘚發展出來的這種策略。藏卵器的膨大基部就像提供保護的子宮，把卵子護住。成簇的葉片把水分鎖住，避免卵子乾掉，也創造了一個精子可以游入的水體。未受精卵安坐在藏卵器裡，只需要等待。

不過，要讓精子靠近卵子極度困難。第一個障礙再單純不過，就是需要水，而陸地上無法確保有水。為了靠近卵子，游泳的精子必須仰賴一層水薄膜。雨水和露水被鎖在密密麻麻的葉片裡，葉片之間的毛細管輸送水分，在精卵之間形成透明的導管。但水薄膜只要稍微中斷，就會導致無法跨越的障礙，精子便無法接近卵子。這是一場精子和蒸發之間的競賽，蒸發會悄悄奪走臨時的水橋。除非苔蘚吸飽雨水、露水或瀑布的水霧來輸送精子，否則卵子就會一直保持在未受精狀態。在早年，繁殖經常會失敗。

苔蘚會大量製造精子，但每個精子找到卵子的機會微乎其微：苔蘚不像雨蛙會大聲鳴唱求偶，沒有信號能引導它們找到目的地，因此精子就只是在水層裡任意游動；很多精子在葉片迷宮裡迷失方向；小精子的泳技不佳，能花在旅行的精力有限。從離開藏精器的那一刻開始，它們的生命便進入倒數計時，一個小時內，所有精子就會死亡，能量耗盡。卵子只好繼續等待。

第三個挑戰是水的質地。從人類的角度來看，水是如此流動柔軟，我們能輕易潛到水的深處。但換作苔蘚精子的微小尺度，要破水前進就像人類要游過一整池的 Jell-O 果凍，水滴的表面張力對苔蘚精子是一堵彈力屏障，就算一路奮力推進，也很難突破重圍。不過它們發展出好幾種擺脫水張力的妙計，當精子準備被釋放，藏精器會吸收多餘的水分，持續膨脹直到爆開。精子被液壓推出後，就此踏上旅程。

苔蘚另一種克服水表面張力的方法，是讓精子夾帶著界面活性劑。當藏精器破開，化學的界面活性劑就扮演著肥皂的功能，讓水變得不那麼黏稠。當界面活性劑遇到一滴緊實的水滴，水滴表面的張力瓦解，原本的圓頂突然變了，散成了一片片的水，帶著精子前進，就像浪頭上的衝浪手。

精子需要各方支援，才能力破重圍接近卵子，它們幾乎最多只能離開藏精器四英吋（約十點一六公分）那麼遠。有些物種發展出其他方法來增加移動的距離，利用水花的力量來散播精子。如金髮苔屬（*Polytrichum*），藏精器被一個葉子構成的扁平盤狀物包圍，像向日葵的花瓣一樣散布在周圍。一滴落進花盤的雨水可以把精子濺到十英吋遠（約二十五點四公分），是它們本身移動能力的兩倍。

假如萬事俱備，精子就有辦法游到雌體，深入藏卵器的長頸，和等待已久的卵子相遇，受精後會產出下一代的細胞「孢子體」。再看看春雨蛙，受精卵就得期待上天的眷顧——只有一層厚厚的膠質保護，在池塘上漂浮。但苔蘚媽媽不會拋下孩子，它們就在藏卵器裡孕育下一代，功能類似胎盤的特殊傳遞細胞（transfer cells）會將養分從親體帶到子體。我們和植物之間如此相似，多麼令人驚喜啊！植物透過細胞養育自己的子代，就跟幫助我女兒來到這世間的細胞非常類似。

受精的雨蛙卵首先變成蝌蚪，然後長成如牠們父母的成蛙。子代的苔蘚不會直接長成像親代那樣多葉，受精會先發育成中間世代的「孢子體」，仍然依附在親代上受其滋養，接著孢子體會產生並傳播下一代。

回到池畔，夏天把池水照得暖暖的，讓女兒和我很想下去游泳，但水裡因為藻類而相當混濁，就連這種大熱天也沒什麼吸引力。因此我們趴在岸邊伸展做日光浴，書攤開在一旁的地上。我喜歡平視地面。我隨意用手指拂過岸邊苔蘚上的孢子體，它們從我的撫觸間彈回時，順著風彈出了一群小小的孢子。藏卵器在春天時守護著這顆莖部頂端的受精卵，最後慢慢在莖部頂端形成孢子體。稱為「蒴柄」的莖部約一英吋長，頂端的孢子體最後會長成飽滿、桶型的孢蒴，裡頭是大量粉狀的孢子，準備被風帶往它們下一個落腳處。

要找到棲身之所可不是件容易的事，大部分的孢子都會隨機降落在不適合的地方。但假如哪個孢子飄到某個池塘的潮濕一角，或某個夠潮濕的地方，變化就開始了。圓形、黃褐色的孢子會隨著濕氣膨脹，抽出綠色的絲線稱為「原絲體」（protonema），然後絲線會持續分枝，布滿整個潮濕地面，變成一張綠色的網。在這個階段，苔蘚還很像它的遠親「絲狀綠藻」（filamentous green algae），兩者幾乎難以分辨。原絲體就像一個新生兒卻長著曾祖母的臉，仍保持著藻類祖先的特徵，基因裡帶有演化上的共同點。但當原絲體的芽抽出新葉，形成一層厚厚的苔蘚草皮，這個相似點很快就消失了。

大多數苔蘚的故事並沒有歡樂的結局。苔蘚在繁殖一事上仍算是外行，它們雖然發展出繁殖的適應能力，但效率不彰，極少精子能夠成功接近藏卵器，許多卵子就像聖壇前枯等的失望新娘，徒然浪費許多精力。基於種種阻撓繁殖的因素，某些品種的苔蘚徹底放棄生殖行為也不奇怪吧？孢子體對許多苔蘚種類來說很罕見，甚至有些物種完全沒有孢子體存在。

假如沒有交配行為，就不會有雨蛙，也不會有春天此起彼落的合唱。但苔蘚跟雨蛙不一樣，就算精卵沒有相遇，苔蘚還是可以散播繁衍，交配不是唯一的繁殖手段。早在生物科技出現之前，苔蘚就懂得自我複製，大量散布在環境之中。事實上，大部分種類的苔蘚可以從一個小部位就完全再生，一片意外被壓碎的葉子掉在濕潤的土壤上，就可以繁衍出整株植物。無性生殖也是另外一種繁殖的手段。芽胞（gemmae）、球芽（bulbils）、繁殖體（brood bodies）、小枝（branchlet）——苔蘚發展出一整套特殊的無性繁殖芽（asexual propagules），它們附屬於苔蘚身上各處，當脫離苔蘚本體後，散播到新的棲地，形成新的領域，無須透過大費周章又沒有效率的交配行為來繁衍。無性生殖不需要依靠精卵相遇、花時間精力來養成孢子體。種種為了在這個世界存續的手段，無論有性或無性，都是基因和環境的複雜共舞，都是為了達到物種延續的演化變異。

每年春天，女兒跟我都形容雨蛙要用牠們的歌聲來「徵召水仙花」[9]。在雨蛙初次鳴叫後，水仙嫩綠的新芽向上抽高；在蛙鳴結束之前，來到花季盛期。我的波塔瓦托米先祖用一個字來形容這個謎：*puhpowee*[10]，讓蘑菇一夜之間從地裡冒出的那種力量。我想就是那股力量，牽引我在四月天的半夜去到水塘邊，為*puhpowee*作見證。蝌蚪和孢子，精和卵，我的和你的，苔蘚和雨蛙——四月初那晚，我們都感知到那股召喚，因而與彼此緊緊相連。有一種無聲的渴望，一種希冀繼續參與這世界神聖生活的渴望，在我們的心間，蕩氣迴腸。

9 譯註：水仙花在北美多在冬末或早春開花，因此水仙綻放象徵春天的腳步近了。

10 譯註：中文音同「樸砲矣」，為美洲原住民波塔瓦托米族族語所使用的詞彙，意味賦予萬物生命的無形力量。

05

性別不對稱

每週六早上地方電台的系列節目裡，有一個節目常伴著我跑腿辦事或開車上山。在《聊汽車》（Car Talk）跟《你懂什麼?》（What Do You Know?）中間的節目是《衛星姊妹》（The Satellite Sisters）：「我們五姊妹分住在兩大洲，雖是同一對父母所生，卻過著非常不同的生活。來抬槓吧！」這幾個姊妹從世界各地打電話登場，但節目有一種圍坐在廚房餐桌的感覺，桌上放著幾杯半滿的咖啡跟一盤麵包捲。閒聊的內容從職場策略、育兒、女性參與環境運動，到雜貨店的葡萄可不可以讓人試吃這種道德問題，當然，還有各種人際關係。

我老公在家裡的穀倉慢條斯理地做些瑣細活，女兒去參加慶生會了。這個早上我就像《衛星姊妹》的對話氛圍那樣愜意慵懶。外頭太濕，不好散步；太泥濘了，不好蒔花弄草；整個早上都是我的！我的！我一直想來好好瞧瞧這些難以分辨的曲尾苔（*Dicranums*）。多奢侈啊！可以為了玩樂而工作。雨水滑落實驗室的窗櫺，只有《衛星姊妹》的聲音相伴。我可以跟隨她們放聲大笑，誰會在意呢？沒有學生、沒有電話，只有一把把的苔蘚，還有週末的偷得浮生半日閒。

曲尾苔是苔蘚的其中一屬，包含許多物種，同一家族有許多姊妹苔蘚。我把它們都只想成女性，因為男子遭遇到的坎坷命運（或許很適合他們），女強人都能秒懂，這點待會再說。當《衛星姊妹》在討論新髮型這種「暴露暫時自我」怎麼造成自尊脆弱，我對自己從未注意過曲尾苔屬比起其他種類的苔蘚看起來更像頭髮而啞然失笑——像是梳過的頭髮，整齊分邊撥到一側。其他苔蘚令人聯想到地毯或迷你森林，但曲尾苔屬讓人想到髮型：鴨尾頭、波浪捲、小捲髮、平頭。如果把它們排排隊來照張全家福，從最小的山地曲尾苔（*D. montanum*），到最大的皺葉曲尾苔（*D. undulatum*），你一定看得出它們的親緣關係：都有毛髮狀的葉子，尾端又長又細，全都拂往某個方向，一副被風掃過的樣子。

就像《衛星姊妹》分別從泰國和奧勒岡州的波特蘭市打電話進來，曲尾苔家族也廣泛分布在全世界的森林裡。棕色曲尾苔（*D. fuscescens*）生長在極北，而白綠曲尾苔（*D. albidum*）則遠及熱帶地區。或許它們之間的距離，讓手足之間得以和平共處。曲尾苔屬經歷過顯著的適應輻射（adaptive radiation），也就是從同一祖先演化成多種類的過程。「達爾文雀」（Darwin's Finches）也好，曲尾苔也好，都是經由適應輻射演化出新物種，以適應特定的生態區位。「達爾文雀」從迷失在海上的單一祖先物種演化而來，後續發展出新的物種遍布在貧瘠的加拉巴哥群島上，每個小島上有各自的特定物種，各有其特殊的食性。無獨有偶，曲尾苔分化成不同的物種，每種都根據祖輩的設定，發展出獨特的外觀、棲地和生存方式。

* * *

物種分化的驅力，無疑和手足之間的競爭有關。還記得你只是因為哥哥有某個東西，就

山地曲尾苔。

想要得到同樣的東西嗎？家族聚餐時，如果每個人都想要燉雞的雞腿，終究有人要失望。當兩種高度近似的物種對環境有相同的需求，假如分布範圍不大，兩個物種最後只能獲得比生存所需更少的資源。因此，在一個家族裡，手足通常必須發展出各自的特點才能共存，如果你特愛白肉或馬鈴薯泥，就可以避免跟別人搶雞腿。同樣的特徵也發生在曲尾苔身上，各種物種藉由避開競爭而能同時存在，各自生長在不必跟手足物種共享的棲地裡，相當於苔蘚版的「自己的房間」[11]。

在曲尾苔親族中，有些角色就像任一個大家庭的姊妹一樣，你可以一眼就辨識出來。山地曲尾苔（*D. montanum*）靦腆低調，你知道的——毫不起眼、容易被忽視，她的短捲髮總是翹翹亂亂，每次都只能撿剩下的棲地：偶爾裸露的樹根或岩石，像是週日大餐剩下的雞翅。潮濕陰暗的岩石也是迷人的曲尾苔（*D.*

曲尾苔。

scoparium）的家，有著長長、閃亮亮的葉子，甩向一側。這是毛絨的曲尾苔，你會想要用手撫過她如絲的表面，然後把頭枕在她厚實的靠墊上。當這些姊妹物種都長在一顆大石上，招搖的曲尾苔佔據了所有的最佳位置，像是濕潤又陽光充足的頂部跟肥沃的土壤，山地曲尾苔就只好去填補縫隙。就算曲尾苔把小妹妹排擠到一邊，佔去她的空間，把她逼到角落，也沒什麼好驚訝的。

其他的曲尾苔也傾向避免因共享空間造成的衝突，高度相似會造成排擠效應。鞭枝曲尾苔（*D. flagellare*）的葉子整齊俐落又直直的，像軍人的小平頭，她孤傲不群，只願住在腐朽的木頭上。她性格保守，多數時候選擇獨身，透過無性繁殖，捨家庭追求

---

11 譯註：此處引用英國作家維吉尼亞・吳爾芙（Virginia Woolf）的經典散文著作《自己的房間》（*A Room of One's Own*）作為比喻，本書的名言「女性若是想要寫作，一定要有錢和自己的房間。」象徵物種都有自己獨特的生態區位，藉以跟其他物種區別。

絨葉曲尾苔。

個人成就。孤僻又極綠的綠色曲尾苔（*D. viride*）有不為人知的脆弱面，她的葉尖總是坑坑疤疤，像咬過的指甲。另外，波葉曲尾苔（*D. polysetum*）是家族裡最能生的媽媽，這是身負多個孢子體的必然結果。接著是有長波浪葉子的皺葉曲尾苔（*D. undulatum*），覆蓋在濕軟的山丘頂部；絨葉曲尾苔（*D. fulvum*）則是個敗家女。這裡有十幾個強大的女性。

我倒了第二杯咖啡，耐心地為苔蘚樣本分門別類，這時《衛星姊妹》的話題聊到男人。幾個姊妹婚姻幸福，其他人交流著上週找白馬王子的主題，探討承諾和當爸爸的人格特質。找到好對象是普世女性的心願，對曲尾苔來說也是。苔蘚的有性生殖是椿前途難料的事業，眾所周知，受限於體虛命短的男性。精卵之間，受制於可供泅泳的水體，它們要成功受精，仰賴及時的降雨。精子必須游向卵子，努力衝破隔絕彼此的障礙，即便它們之間只有幾英吋之遙。大部分的卵子只能枯坐在頸卵器中等待永遠不會到來的精子，遠在天邊，近在眼前。

某些物種已經演化出方法，可望增加覓得良緣的機率：變成雙性。畢竟當卵子和精子是由同一株植物所形成的話，受精機率幾乎可達百分之百。好消息是後繼有望，壞消息是近親繁殖。沒有任何一種曲尾苔演化出雌雄同株的生活方式，它們的性別分野非常清楚。既然雌雄要合體非常困難，能夠經常看到整群落的曲尾苔長滿孢子體這種歷經多次性結合的產物，實在令人驚訝。我手上有一簇曲尾苔（*D. scoparium*），裡面就有五十個孢子體，代表有五千

波葉曲尾苔。

萬顆孢子。它們是怎麼辦到的？你可能以為它們能夠順利繁殖是因為有利的性別比，有眾多男性包圍著每個女性。的確有些苔蘚採取這種策略，但曲尾苔並不是。

當收音機裡的《衛星姊妹》在比較第一次約會的規矩時，我撥開這簇曲尾苔，想找出這些新生兒的雄性始作俑者。我拉出的第一枝嫩芽是雌體，第二株也是，第三株還是。這群落裡每一株都是雌體，而每一株都受精了。雌體有孕，卻不見雄體？苔蘚世界還不曾有過童貞受孕[12]的記錄，不禁讓人納悶起來。

我把其中一株雌體推進顯微鏡下想瞧個仔細，看到了我原本預期的東西：雌性器官、膨脹孕育著下一代的受精卵。莖部被一捆長葉覆蓋，優雅地撇向一邊，曲尾苔的那個特徵絕不會錯。我順著它捲曲葉片的弧度看下來，有平滑的細胞跟閃亮亮的中脈。接著我注意到一個鬚狀的小小旁枝，以前我好像只看過一次。調高顯微鏡的放大倍數後，我看到一小簇毛髮狀的葉子，從巨大的曲尾苔葉片長出的微小植物，就像樹枝上長出的一團蕨類。把放大倍數再調高後，香腸形狀的囊狀物變得清晰，這肯定就是藏精器了，被精子脹得滿滿。缺席的父親在此：迷你的雄體縮小到可以藏匿在可能交配對象的葉片上。它們進入女性領土只有一個目的：圖一段偷吃步的親密關係，讓自己離女性很近，這樣連最虛弱的精子都可以輕鬆游到卵子身邊。

無論在數量、體積或精力層面，雌體都主導了曲尾苔的生命。男性存在與否，有賴女性的力量。當受精的雌體產生孢子，那些孢子本身是沒有性別的，每個孢子變成男或女跟它們最後的落點有關。假如孢子飄到一塊沒被其他植物佔據的岩石或木頭上，接著會發芽、長成塊頭大的雌體。但萬一那個孢子掉到長滿同一種曲尾苔的土地上，它會從現存的雌體葉子之間篩落，然後定著在某處，讓雌體來決定它的命運。雌體釋放出一串賀爾蒙，讓那個意向不明的孢子長成侏儒化雄株（dwarf males），這個被俘虜的伴侶將在它置身的這個母系社會中成為下一代的父親。

《衛星姊妹》正在訪問雙職家庭的影響。我很想打電話進節目現場，看看她們會怎麼談論曲尾苔的家庭組成。五個姊妹，五種對侏儒化雄株的看法：女權專政，男子氣概屈於女強人之下，這樣很公平……嘿！先姑且相信他們吧，他們是九〇年代的男性，願意給女性空間。這樣他們還介意尺寸大小嗎？

今時此刻，男人女人可以自由交往，不必一舉一動都背負延續種族的重擔。天曉得現在已經有多少人類了！我們如何平衡權力和家庭和諧，也不太可能改變人口成長的腳步。

但曲尾苔的演化，性別關係的不對稱影響很大。侏儒雄株有效地解決了受精的問題，整個物種、雌雄雙方都受惠於這樣的機制。塊頭大的雄體其實不利於基因傳遞，它的枝葉增加

12 譯註：Immaculate Conception，為天主教關於聖母瑪利亞的教義之一，謂聖母瑪利亞因蒙受天恩而無原罪懷孕。

了精卵之間的距離。比起大塊頭的雄體，侏儒雄株可以產生更多的後代，釋放精子之後就退場，更有助於孕育下一代。

驅策分化出姊妹物種的力量，正是造成曲尾苔雄體和雌體巨大差異的原因。家族裡的競爭減少每個個體成功的機會。演化偏好特化（specialization），避免競爭，如此才能提高物種的生存機會。體積大的雌體和侏儒雄體無法跟彼此競爭，雄體很小，有利於傳遞精子；雌體很大，有利於孕育孢子體、孕育它們的未來、它們的下一代。少了雄體的競爭，雌體可以獨佔有利的棲地、光線、水、空間和養分，一切都為了子嗣。

《衛星姊妹》陪伴我度過的一小時以檸檬慕斯食譜畫下句點，聽起來很讚。雨停了，我的苔蘚功課也做完了。我帶著微笑關掉收音機。該回家吃我家那個大塊頭男子準備的愛心午餐了。

06

為水而生

紐約州北部我家所在的小山頂上，楓樹光禿的灰色樹枝彷若剛削好的鉛筆所臨摹出的輪廓，襯著冬日的天空。而在威廉梅特谷（Willamette Valley），奧瑞岡的橡樹是由深綠色的粉蠟筆所繪。綿密的冬雨讓樹幹上長滿茂密青翠的苔蘚，樹本身的葉子卻在休眠。苔蘚海綿的水分不斷滴落到樹根上，濕潤了下方的土地，為即將到來的夏天蓄積土壤中的水分。

到了八月，冬天的雨水已經差不多用罄，大地又飢渴了起來。橡樹葉在炎熱的空氣中搖擺擺擺，唧唧蟬鳴放送著天氣預報：已經六十五天沒下雨了。野花藏在地下躲避乾旱，地面上只剩又乾又黑的枯草。夏天的橡樹樹皮上還留有乾掉的苔蘚群，皺縮消瘦的骨架幾乎讓人認不出來。伏旱時節，橡樹林靜靜地等待著。一切生機都在久旱裡沉睡。

琳登的飛機延誤了，我信步走到「飛行爪哇」的咖啡攤位前跟著排隊，殺點時間。櫃檯上有個零錢半滿的罐子，上面有個手寫標籤：「零錢讓你怕，給它一個家[13]」。我的雙眼一時盈滿莫名的淚水，希望可以把口袋裡的零錢重擔全都清空，把我的女兒帶回家。這個小不點穿著我的圍裙，站在椅子上切著情人節餅乾。圍裙大到在她身上纏了三圈，粉紅色的糖霜濺了整個廚房。

苔蘚開始漫長的等待。可能只要等個幾天直到露水出現，或者乾燥著耐心等上個把月。

接受現狀是它們的生存之道。苔蘚完全臣服於雨水的形式，從改變的痛楚裡爭取自由。

我花了許多時日等待，屏住呼吸直到情勢改變，努力嗅聞著雨水的氣味。我還記得等了像一輩子那麼久才長大可以搭校車，後來變成固定等某一班公車，跺著腳抵抗刺骨的冷意。我滿心歡喜等了整整九個月直到寶寶出生，轉眼間又變成在高中籃球賽的會場外等待，十指不耐煩地拍打著方向盤。現在我正在等待琳登的班機降落，把她從學校接回家，等著當我倆守候在爺爺的床邊時，讓我的雙臂滑進她的懷抱。

苔蘚在夏天的橡樹上脆化烤乾時，正在實踐什麼樣等待的藝術呢？它們向內蜷曲，彷彿正在作白日夢。如果苔蘚會作夢，我想它們應該夢到了雨吧。

苔蘚必須浸潤在濕氣中，光合作用的魔法才會發生。苔蘚葉片上一片薄薄的水氣是二氧化碳溶解的門戶，然後再進入葉片當中，將光和空氣轉化為糖分。沒有水的話，乾燥的苔蘚

13 譯註：原文為「If you fear change, leave it here」，本句有雙關意涵，change 除了字面意義上的「零錢」，也可作「改變」解，完整的句意為「若害怕改變，把恐懼交給我」。

無法生長。苔蘚沒有根系，無法從土壤中補充水分，所以只能仰賴雨水。因此苔蘚總在長年潮濕的地方生長蓬勃，像是瀑布的水霧帶和滲著山泉水的崖壁。

但苔蘚也棲息在乾燥的地方，像是曝曬在正午驕陽之下的岩石、乾旱的沙丘，甚至沙漠。某棵樹的樹枝在夏天可能是沙漠，在春天則是河流。唯有能夠接納這種極端的植物才能在這裡存活。奧瑞岡橡樹的樹皮終年都布滿長著粗毛的樹苔（*Dendroalsia abietinum*），樹苔屬（*Dendroalsia*）由拉丁學名翻譯而來的意思是「樹的夥伴」。美麗的樹苔就跟同屬的其他植物一樣，能夠接受大幅度的濕氣變化，伴隨著一整套演化而來的適應能力稱為變水性（poikilohydry），其生長跟水的有無高度相關。變水性植物的特殊之處在於其體內的含水量隨著環境裡的含水量變化。濕度足夠的時候，苔蘚吸附水分，大量生長，但當空氣乾燥時，苔蘚也跟著風乾，最後完全脫水。

這麼戲劇化的風乾對高等植物來說會造成致命的影響，因為它們必須維持相當程度的含水量。這些植物的根系、維管系統和精密的儲水機能讓它們得以應付乾燥且繼續存活。高等植物花很多力氣避免水分散失，然而一旦水分耗損情況太過嚴重，即便有保水機能也難以回天，植物就會枯萎死亡，就像我出門度假時，窗台上的香草植物那樣。但大部分苔蘚不會因為乾燥而死亡，對它們來說，乾燥狀態只是生命中一個暫時的插曲。苔蘚可能損失體內百分之九十八的水氣，卻依然有辦法在補充水分之後恢復生機。甚至就連發霉標本櫃裡脫水四十

樹苔乾燥捲曲的新芽。

年的苔蘚，在培養皿裡沾了一點水都能再次生意盎然。苔蘚和變化立下盟約，它們的命運跟變幻無常的雨水緊密交織，即使縮水乾枯，卻還是為重生打下穩固的基礎。它們給了我信心。

琳登下了飛機，很高興要回家了。她帶著女孩的微笑，送上秋波掃視我的臉龐尋求關愛。我欣慰地笑了，把她摟得緊緊的。走在她身邊，我馬上就知道她沒有浪擲生命在等待上，她一直在蛻變。這一刻，我一點也不想要把這個明亮燦爛、挽著我手臂的可愛女子換成曾在我懷中襁褓的小嬰兒。

變水性容許苔蘚生長在很多高階植物都存活不了的缺水棲地環境，但這種耐受力的代價很高。當苔蘚乾掉的時候便不能行光合作用，所以只有在苔蘚有水分又有光照時才有短暫的機會生長。越能夠拓展這些機會的苔蘚，演化上就越有利，它們發展出優雅簡單的方法好留住珍貴的濕氣。不過就算發生擋不住的乾旱，它們仍然具有絕對的適應力，能夠從容地耐受一切直到雨水再次出現。

大氣對水分的佔有欲很強。雲從不吝嗇雨水，而天空總會不客氣地透過蒸發將水氣召回。但苔蘚也不是省油的燈，它施展自己的力量對抗太陽強大的拉力，就像一個嫉妒的戀人，苔蘚總有辦法讓水對自己百般依戀，然後再逗留久一點點。苔蘚的每一吋細胞都是為了水而生，

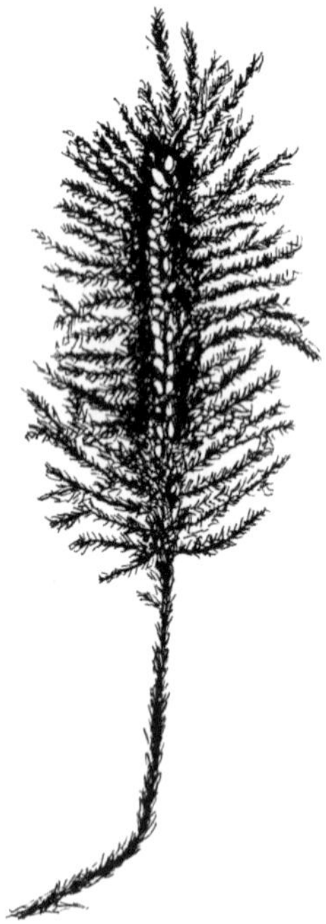

樹苔濕潤的新芽，
帶著孢子體。

從苔蘚叢的形狀到沿著樹枝的葉片分布，深入到顯微鏡下最精微的葉片表面，都是為了保水所發展出的演化規律。苔蘚植物幾乎從不會單獨出現，而是密集群聚像八月的玉米田。新芽和葉片近到互相纏在一起，葉子之間的空間創造出充滿孔隙的網絡，能像海綿一樣留住水分。芽與芽之間越緊密，保水能力就越好。一片耐旱的茂密苔蘚，每平方英寸可能有超過三百根莖。倘若跟群落分開，落單的苔蘚芽很快就會乾枯。

我覺得自己因為她變得開朗了。她說的故事讓我發笑，我也會想到一些故事跟她呼應。她跟我一起坐在車子裡，撥弄著想找到她最愛的電台頻道，不知怎地我又多認識了自己一點，發現她不在身邊所帶來的痛楚，不只是關於失去她，還關於失去所有人，我的爺爺、爸媽，還有我自己。我們心驚膽戰地對抗失去，而樹苔卻如此地優雅擁抱它。以洪荒之力抵抗註定發生的事，就好像我們以為可以跑在衰老之前，終究只是一場徒勞。

苔蘚叢之間的小小縫隙很需要水，水分子因其附著力（adhesive）停留在葉片表面。水分子的一端是正極，另一端是負極，因此水能夠附著到任何帶電的表面，正極還是負極都行，而苔蘚的細胞壁兩者均有。水的兩極特性也讓它產生內聚力（cohesive），彼此凝聚在一起，一個水分子的正極端點連著另一個水分子的負極端點。基於強大的附著力和內聚力，水在兩株植物表面形成了一座透明的橋。這座橋的拉伸強度足夠跨在兩個縫隙之間，但中間的缺口太大的時候，橋就會崩垮。苔蘚細小的葉片和高度恰好可以產生毛細作用來形成這些橋。苔蘚的芽、枝幹和葉片的布局就是為了延長水停留的時間，透過毛細作用的拉力來對抗蒸散。沒有自帶這種機制的苔蘚很快就枯盡，給大自然淘汰掉了。

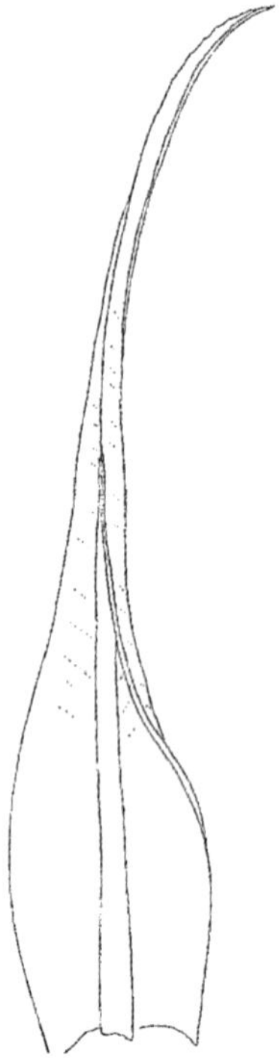

看看一滴雨水落在寬扁的橡樹葉子上，頭一分鐘成為珠狀，像水晶球一樣映照出天空，然後就滑落到地面。大部分的樹葉都是用來擋水，把吸水的任務交給根系。樹葉的表面有薄薄一層蠟，可以阻擋水分吸收，也避免水分被蒸散。但苔蘚葉片沒有任何屏障，而且只有一個細胞的厚度，每片葉子的每個細胞都和大氣親密接觸，因此雨水可以立刻滲進細胞裡頭。

前往醫院的路上，我們聊了又聊，有時聊到她的曾祖父，但大多是在談某段美好的時光，還有她的大一生涯。她告訴我她修的課、一些我從沒見過的人、一趟背包客旅行——我聽到她從未料想過的熱情，還有踏足未知領域的勇氣。一邊聽她說，我發現自己有點羨慕她對世界這麼開放，改變不過是增添些想像的可能性，而非表示即將到來的失落。但我知道我做不了什麼來阻止這些失落，也無法自外於這個世界。

樹的葉子多半很扁平，竭盡所能地攔截光線，而且彼此相隔很遠以免遮到彼此的光。但光對苔蘚來說沒有水那麼要緊，所以苔蘚的葉子跟樹的葉子在本質上全然不同，每片葉子都是為了儲水。因為沒有根系或任何的內在輸送系統，苔蘚完全仰賴表面的形狀來輸送水分。有的種類靠著細絲的吸收作用來加速水分的流動，這些稱為「鱗毛」（paraphyllia）的細絲密集地長在苔蘚的莖部，像一張粗硬的羊毛被。有些苔蘚葉子的形狀和排列能夠收集和保留水分，凹型的葉片可以把一滴雨盛放在如同倒過來的碗裡；有的苔蘚有長長的葉尖，捲起成微

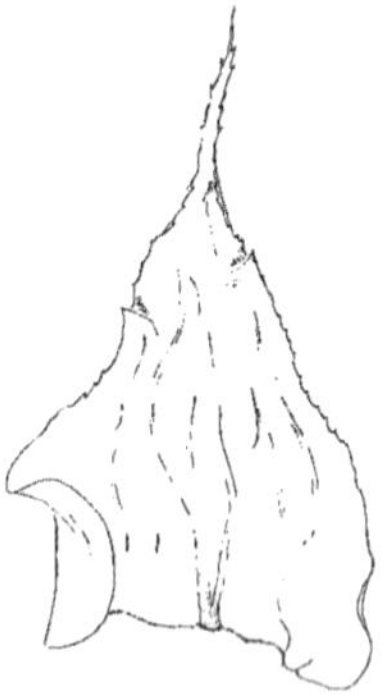

小的管狀後，能夠灌滿水並把水珠引導到葉面上。葉片互相覆蓋而且靠得很近，創造出凹型的袋狀渠道讓水可以在彼此之間流動。

從顯微鏡下看，葉片表面的造型也是為了聚水，希望留住一層薄薄的水分。葉片褶像是小小的手風琴折頁，縫隙會鎖住水分，葉片的波狀彎曲產生了微地貌，裡頭有起伏的山丘和漾滿水的谷地。乾旱地區的物種，其葉片細胞上經常布滿小腫塊稱作「疣突」（papillae），如果用指尖輕搓葉片，可以感覺到粗糙的表面。疣突之間有一層水膜，看起來像是湖上有幾座小丘，讓葉片得以留住水分，再多一點時間行光合作用，就算烈日曝曬也沒問題。

我辦公室的櫃子頂端堆滿了好幾盒乾掉的苔蘚，每盒都按照不同的研究案歸檔保存。每次我取出標本時，必須把它沾濕，才能夠看到足以辨識的細微特徵。其實我大可把它泡在培養皿裡幾分鐘就好，但這麼多

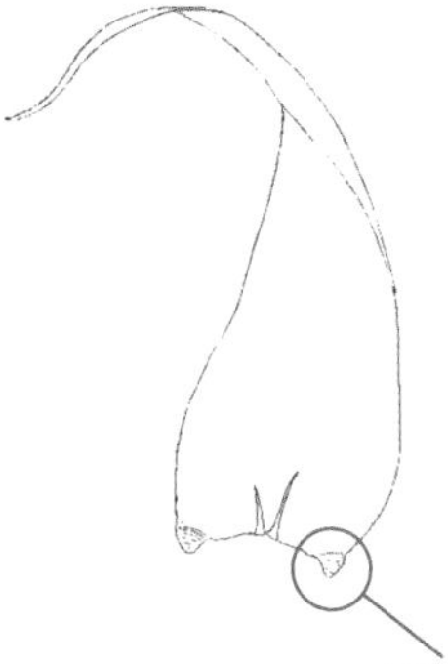

年下來，我還是很享受幫它一滴一滴加水、看著顯微鏡下的苔蘚芽慢慢復活的這個儀式。我把這當作向苔蘚和水這對天作之合致意，它倆彼此間似乎有種磁鐵般的吸力。我給乾燥的芽頂加了一滴水，水在苔蘚葉間流竄，像是狹窄的峽谷間暴漲的洪水。乾燥扭曲的葉子舒展開來，輕鬆寫意，水滴順著每條渠道滲進所有微小的角落，讓葉片變得飽脹拱起。

葉片接觸莖部的部分有一群特化的翼細胞（alar cells），肉眼看像是葉緣掛著閃亮亮的新月；用顯微鏡看的話，翼細胞比一般葉細胞大，細胞壁也比較薄。翼細胞的巨大空間可以快速吸水，膨脹起來變成像是一顆透明水球。吸滿水的細胞讓葉子遠離莖部，向外曲折到一個比較好捕捉光照的位置。苔蘚雖沒有神經也沒有肌肉，卻能夠偵測到生長所需要的水分，把葉片調整到最有利的角度行光合作用。當葉片基部的水滿到溢出來的時候，多餘的水會被下方的葉片吸收，在每個重疊的葉片下形成一串彼此銜接的水塘。沒幾分鐘，幼芽吸飽了水，水就流到別處去了，留下飽滿晶瑩的幼芽，然後一切就結束了。水的樣態因為苔蘚改變，苔蘚也為了水長成了這般模樣。

苔蘚和水相靠相依。我們不就是如此相愛嗎？不就是因為愛，我們才願意把自己敞開？你我為愛而生，在愛裡成長，也因無愛而脆弱凋零。

各種動植物都有維持水平衡的複雜機制，像是鰭蒲、血管、汗腺和腎臟，這些有機組織需要花費許多能量來管理水分。但苔蘚只要利用葉片表面水氣的力量，就可以掌控水的活動，水本身的附著力和內聚力讓苔蘚不需要多花力氣就能輕鬆把水帶到表面。這麼優雅的設計是極簡主義的完美典範，讓大自然最原始的力量為我所用，而非想要征服自然。

要是爺爺有機會認識苔蘚的話，他一定會愛上苔蘚的優雅。他從前是個木匠，鋪子裡有滿滿的工具：精密車床和手搖鑽，古董刨刀和雕刻刀，每種工具都有各自對應的目的。任何材料到了他手上都能物盡其用，幾個整齊分裝著螺絲的嬰兒食物罐、一塊胡桃木板、一支被搶救下來的橡樹欄杆柱，都等著被巧手改造成奶奶廚房裡的碗。他的風格總是簡潔清爽，完美發揮手上那塊木頭的潛能，把它變成想要的東西。

儘管有這麼多留住水分的妙計，也不過是暫時從蒸散作用中偷點時間，陽光總是最後的贏家，苔蘚會逐漸乾掉。苔蘚的姿態在水分完全被大氣吸收的時候會變得非常不同，有些苔蘚的葉子會摺起來或向內捲收，如此就減少了葉片和空氣的接觸面積，幫助苔蘚把握最後一點的表面水氣。幾乎所有苔蘚在乾透的時候都會改變形狀和顏色，使得辨認種類加倍困難。有一些葉子產生皺褶，一些葉子沿著莖部繞成螺旋狀，形成防護斗篷來抵擋乾燥的風。樹苔的羽狀部會變黑向內纏捲，看起來就像猴子乾屍的黑尾巴。苔蘚從柔軟細長變成脆黑一團，又酥又乾又扭曲。

爺爺太高了，塞不進病床，周圍是讓他賴以維生的儀器叢林。在這個充滿堅硬表面、尖銳的角度和機器嗡嗡作響的環境裡，他的柔軟似乎是個奇怪的存在。輸液管插進他的手臂，跟脫水持續戰鬥。機器設定能夠維持他體內八十七％的水分，其餘十三％已經宣告投降。

乾旱讓苔蘚葉子縮水的同時，苔蘚細胞內的生物化學機制也正為乾燥做準備。如同一艘準備停在乾涸碼頭的船，一些基本的功能已經妥善地停擺。細胞膜產生質變，能夠縮水崩解卻不至於造成無法挽回的傷害。最重要的是，供細胞修復的酵素會被合成、儲存，以備未來之需。這些救生艇酵素存在縮水的細胞膜內，當雨水出現時，就能夠讓細胞恢復活力。細胞的內部運作可以立刻啟動，快速修復乾燥造成的損傷。只要沾濕二十分鐘，苔蘚就能從脫水狀態變成活力滿點。

我們並肩站在墓前，不想理會各種繁文縟節。我牽著奶奶的手，她看上去很脆弱，隨時都要垮了。媽媽的眼神在我們幾人之間游移，不願意漏掉任何一個。我那粉紅小臉的孩子不時換腳站，不知道該站在哪裡好。她站在一整圈的女兒中間，大家手牽著手，而有一天，她會是那個要放手的人。當玫瑰從她手上滑落，我們把彼此抱得更緊了些。

努力保水抵抗太陽的拉力，然後再迎接水回來，是一場集體的行動，沒有任何一個苔蘚能夠獨力完成。新芽和枝幹也要參與其中，方能一起創造涵納水的空間。

秋天柔軟的雲終於遮蔽了炎夏的天空，一陣帶著濕氣的風吹動地上散落的乾枯橡樹葉。

空氣中能量飽滿，苔蘚似乎已經處在備戰狀態，從風中淺嘗雨水的氣味。它們就像乾旱的俘虜，一切感知都在等待救星降臨。

當第一滴雨水落下，陣雨變成傾盆大雨，造就了一場歡天喜地的重逢。雨水沿著早為它們準備好的路徑奔流而去，淹滿小葉片的渠道，水總能在毛細管裡找到路，深深沁入每寸細胞。不出幾秒鐘，所有飢渴的細胞都膨脹起來，扭曲的莖部伸展向天空，葉片也向外伸展來迎接雨水。下起雨時我跑到小樹林，想要見證這一切。我也想跟改變立下盟約，承諾我願意放手，放下對抗向變化敞開。

樹苔被雨水解放，從靜止恢復生氣，細細的枝條開始動作，試圖重現葉片堆疊的勻稱之美。當每根莖逐一伸直，它柔軟的中心出現的時候，順著中心線分布著小小的囊，裡頭滿是孢子。當雨水降臨，苔蘚釋放自己的女兒，讓它們跟著霧氣上升。橡樹再次鬱鬱蔥蔥，空氣聞起來充滿苔蘚的氣息。

07

包紮土地的傷口：苔蘚的生態演替

賣力爬上了山，我陷入午餐後的慵懶，邊看著一隻螞蟻從我的三明治屑裡拖著一粒芝麻經過光禿禿的岩石。牠把芝麻粒拖進石頭間的縫隙，那裡長滿金髮苔屬（*Polytrichum*，又叫土馬鬃），這種生著鬚毛的苔蘚已在那一小方寸間佔地為王。不知道明年夏天來健行的人會不會發現這顆芝麻發芽了，不過這個縫隙裡已經有一棵小小的雲杉，當初也是一棵落在苔蘚之間的種子。螞蟻，種子，苔蘚，雖然一心走在各自的道路上，卻不經意地開啟了合作，佔據了空地，在這個光禿禿的岩石上長出一片森林。生態演替的過程就像正向的回饋循環（positive feedback loop），生命會吸引更多生命。

站在貓山（Cat Mountain）的圓頂，五塘自然保護區（Five Ponds Wilderness）在我腳下展開，這裡是密西西比河東邊最大的自然保護區，高高低低的綠色丘陵一路延伸向地平線。被陽光曬熱的花崗岩是地球上最古老的岩石，下方的森林還算年輕。一世紀以前，紅尾鵟（Red-tailed hawk）乘著上升氣流飛越焦黑的山脊、伐採流域和原始林。阿第倫達克山脈號稱「二度荒野」（The Second Chance Wilderness）。今天熊和老鷹沿著野生蜿蜒的奧斯威加奇河（Oswegatchie River）捕魚，伐木留下的傷痕已經因演替而痊癒，長成一片綿延不斷的次生林。說是綿延不斷，其實還有一個裸露的傷口：北邊的綠帶被一個狹長的窪地給阻斷，十英里之外都可以看到這個不毛之地。

附近岩石的鐵質含量很高，羅盤指南針在某些地方會轉到你以為自己來到陰陽魔界，甚至可以用磁鐵吸起灘地上的沙。阿第倫達克山脈很早就開始開採鐵礦，為了開闢班森礦場（Benson Mines）摧山裂樹，開礦挖石。採到的礦石輸出到全世界，輸送管也從山脈裡帶來了尾礦[14]泥漿，這些廢棄礦渣就埋在地下三十英呎。後來生意蕭條了，工作機會沒了，礦區關閉後留下上百英畝的廢棄砂石，在濕潤蓊鬱的阿第倫達克山脈中央留下一塊撒哈拉沙漠。

雖然現行法規要求復育礦區土地，卻遺漏了班森礦場的復墾。之前曾潦草做過一些植被重建但都成效不彰，美國中西部的草原草種在幾處種下去之後，因為缺乏肥料和灌溉系統，沒辦法持續存活，因為該採礦公司移到海外之後，資源也同時被帶走了。有些人在這邊種樹，幾棵枯黃低矮的松樹活了下來。我不知道這些樹被種在這，是要懺悔還是顯示自己有負起責任，但這麼做就像在一棟被徵收的房子上畫壁畫，根本沒什麼意義。在這邊種植物是不夠的，還必須讓它們活下來。貧瘠沙地下的土壤至少富含腐植質，礦渣堆根本比不上。現在此地被官方認定為「孤兒礦」，官方語言很難得這麼直接又引人聯想的——顯現這裡實在沒人關心。

車子行駛在阿第倫達克山脈的道路上，經過波光粼粼的湖泊和蓊鬱的森林，路邊很少看到垃圾。人們熱愛這片野地，因此非常珍惜。但當三號公路切過礦區，赤楊樹上就常發現塑膠袋，啤酒罐漂浮在溝渠裡，裡面灌滿了鐵鏽水。漠視也產生了某種確定的回饋循環：垃圾

14 譯註：開採礦物之後必須從礦石中提煉濃縮有價值的礦物，精選後殘餘部分為礦渣堆，是需要拋棄的廢棄物。隨意棄置礦渣會導致環境污染，因此礦渣堆的處置也是相當重要的課題。

吸引更多垃圾。

車轉進墓地區，這裡是一塊被舊礦區包圍的不規則綠地。這家礦業公司對待往生者跟對待活著的人一樣漫不經心。通過整齊的墓碑群之後到達路的盡頭，這裡是礦渣堆區的起點。光亮的花崗岩紀念碑被一堆自成一格的自製紀念碑取代：鋸木廠生鏽的刀身半插在地上、鋼筋焊接成姓名字首、古董電視天線被彎成十字架的形狀。礦渣堆裡埋藏了許多故事。通往礦區的路會經過墓地的垃圾堆，舊日的聖誕花圈還掛在柱子上，白色塑膠籃上有粉紅色的塑膠花。那是殘存的哀悼。

我走上礦渣堆斜坡，腳下的散沙讓我向後滑了一下，很像走在沙灘上的感覺。我不介意鞋子裡滿是沙子，這些沙丘並不毒，只是跟大部分的沙漠一樣有點不友善。沙子留不住水，所以哪怕只是一點點雨水都滲漏得很快，然後就乾掉了。這裡缺乏植被，因此沒有有機物可以吸收水分或建立養分循環。欠缺樹蔭讓表面溫度很容易飆升——我曾經量到華氏一百二十七度（約攝氏五十二點七度），足以讓嬌嫩的幼苗枯萎。斜坡上到處都是發射過的獵槍彈殼和布滿彈孔的金屬罐。四周有一些奇奇怪怪的小裝置，像是冰棒棍之間架了幾塊布，似乎是迷你帳篷。幾張舊地毯鋪在沙上，像是狂熱的吸塵器推銷員搞了個奇怪的商品陳列。

再往上走，我看到艾米跪在尾礦上方，搖晃著一塊寫字板夾，她的紅色捲髮全都塞在一頂寬邊的帽子下。她抬起頭來，起初神色還有點焦慮，接著就笑開了。我知道她很開心今天能有個幫手，有人陪伴總是好的。上禮拜她發現了一個不速之客擾亂了我們的研究樣區。垃圾吸引垃圾。至少今天她知道接近的腳步聲只是我而已。

艾米的論文題目是苔蘚在這個礦場的生態演替所扮演的角色，所以她在這邊進行多個實驗。我們一起越過礦渣堆到幾個樣區去巡視，在緩坡處發現了輪胎痕，以「小酌的蘇」[15]為名的卡車和儲存槽上漆著字的水肥車經常在夜色掩護之下不法傾倒廢棄物。化糞池的臭味飄散在空氣中，人們以為沖個水就「清潔溜溜」的東西又在整池乾掉的陰溝汙泥裡重見天日。要是那個地方有土可以接住水肥，裡面的水和養分或許還可以稍微發揮一點作用，但它們很快就乾掉了，剩下一層灰灰的菸蒂和粉紅色的棉條導管。垃圾吸引垃圾。

土堆的另一邊有個休養生息的區塊，那裡沒有排放的汙水或外來草種可以利用。一叢叢鮮豔的山柳菊（hawkweed）、苜蓿和到處生長的月見草已經在礦渣堆裡頭生根，這些植物在其他地方可能會被視作雜草，但在這裡卻很受歡迎，尤其對簇擁在周圍的蝴蝶來說，這些植物就好像附近唯一的蜜源。也確實。

幾乎整個斜坡都鋪上了一張金髮苔地毯，跟我在貓山山頂看到的是同一個種。我佩服它們在此地屹立的能耐，其他植物應該不出一天就枯萎了吧。去年的田野期間，艾米發現野花

15 譯註：Sippin' Sue，是美國肯納玩具公司（Kenner Products）在一九七二年出品的玩具娃娃，特色是嘴巴噘起，彷彿在啜飲著吸管內的飲料。同系列玩偶還有「小酌山姆」（Sippin' Sam）。

幾乎不會長在露天的礦渣堆上，而是從金髮苔形成的苔蘚床上長出來。今年夏天我們想要搞清楚它們是怎麼辦到的，究竟是苔蘚來到花朵下方形成涼蔭小島，還是苔蘚自己創造了一個安全空間讓野草種子在此成長？它們之間如何彼此互動來推進演替呢？艾米呼喚我去看一群上坡時會經過的小帳篷，她搭了幾個棚罩，打算觀察陰影下的苔蘚數量是會增加還是減少。陰影或許可以解釋苔蘚跟野花的關聯性。我們跪下來仔細端詳棚罩下方的情況，那裡的苔蘚柔軟翠綠，相較於坡上大部分的苔蘚都又黑又脆。走過一片乾苔蘚的聲音就好像餅乾碎裂在你的腳步下。

我從帳篷下拔起金髮苔的一株芽苗，用放大鏡仔細觀察，葉子長長尖尖，整株植物看起來就像是一棵小小的松樹。每片葉子的中心線、波浪狀脊部上的亮綠色細胞稱為「櫛片」（lamellae）。當植物濕掉的時候，櫛片會像太陽能板一樣接觸到陽光。跟其他苔蘚一樣，櫛片只能在葉片潮濕且接受光照的情況下行光合作用，不然就會像多數時候，生長中止，接下來就只能等。難怪苔蘚要花四十年才能長滿礦渣堆這一小塊地。

我們工作的一整天，這個長滿苔蘚的斜坡，顏色也跟著變化。早晨的光線下帶著一層藍綠色；前一晚的露水被硬梆梆的葉尖給攔截，向下輸送到葉片基部。濕潤的時候，葉片會張開，盡情享受還有點涼意的朝陽。但當金髮苔開始乾掉的時候，葉片就會向內捲，不讓櫛片乾掉，此時生長就會停止，直到下一次情勢轉好。午餐時分，葉片都像收好的雨傘一樣向內捲曲，綠色的部分會被藏起來。只看得到基部死掉的葉子，讓整個斜坡看起來都呈現焦土狀態。因為葉子都捲收起來，礦渣堆的表面就露出來了。你得非常仔細地看才會明白箇中一二。當你跪下來時，礦渣堆地面幾乎燙到無法碰觸。苔蘚乾枯的莖部表面布滿黑綠色的斑點，這是微生物結皮（microbial crust），一種比苔蘚還小卻總是凌駕在苔蘚之上的群體，由陸生藻類、細菌、真菌菌絲裡交錯纏繞的細絲構成，充分利用苔蘚提供的遮蔭。藻類屬固氮生物，會漸進為礦渣堆增添養分。

天氣變得越來越熱，所以我們打算在正午結束工作。我們可以躲到陰影下，在星湖（Star Lake）的湖畔咖啡來杯冰茶，但金髮苔在正午的高溫下依舊屹立在礦渣堆。堅忍卓絕讓它得以撐過這麼嚴苛的環境條件，即使完全沒有水也耐得住，野草野花可辦不到。金髮苔只要有雨水就能滿足對礦物質的需要，高等植物則必須透過根系從土壤裡提取水分，但根系遇到乾旱就會枯死。

金髮苔地毯止步於小排水溝和被風狂掃過的空地。只要沒有苔蘚的地方，礦渣堆就很容易被風化。你若拾起一把裸露的礦渣堆，它會像水一樣從你的指縫間流失，接著風又會把它們吹散。但有苔蘚覆蓋的礦渣堆則是緊密地聚合在一起，苔蘚的假根會抓住沙土。倘若用瑞士刀戳進草地，抽出的刀片上會是一整條的沙，深數英吋，頂上冠著苔蘚，下方的沙土顏色很深。有機物經年累月的累積可能會導致水的輸送變慢，但微微地增加了土壤的養分。金髮苔的假根很像毛髮，假根會把尾礦綁在一起，讓表土穩定。我們覺得這份穩定應該是讓其他植物能夠生根的關鍵因素，艾米已經準備要做個巧妙的實驗來測試這一點。

要追蹤像沙一樣小的種子被風吹到哪裡去實在很困難，所以艾米到手工藝品店買了幾罐塑膠串珠，顏色說有多鮮豔就有多鮮豔。我們這種科學研究有時需要的不是高科技儀器，反而是多點創意。艾米小心翼翼地在礦場內的各種表面把串珠排成棋盤狀：露天的礦渣堆、植被陰影下方，還有苔蘚地毯上。她每天都會來到這邊數算串珠。兩天之內，露天的礦渣堆上面的珠子全都被吹走，給埋在流沙底下了。野花下的串珠有些還在，但真正創造紀錄的是金髮苔，珠子卡在新芽之間免受風吹。只要這地方可以讓植物安全地發芽，苔蘚就可以進展演替。幾天之後，大自然的一場實驗證實了她的推論，礦場邊緣的白楊樹釋放出棉花雲裡的種子，被風吹過露天的礦渣堆，最後卡在苔蘚草皮上，看起來像是絨布沙發上的貓毛。

不過塑膠串珠畢竟不是種子，而且就算種子被留下了，它也未必會發芽長大。苔蘚草坪給種子的阻礙可能跟幫助一樣多，必竟它們要互相競爭水分、空氣和稀少的養分。苔蘚草皮有可能絞纏住土壤上方的種子，害種子乾掉無法發芽，或者擋住種子向下伸展的細根。因此，我們調查的下一步就是要種下真正的種子。艾米很有耐心，拿著鑷子一一檢視上百顆種子，記錄每一顆的發芽情況和數週下來的成長情形。每個實驗、每種物種都顯示，種子跟苔蘚共生的時候，成長、存活的情況最好。金髮苔好像對幼苗生長有幫助。生命吸引生命。

真是如此嗎？我們帶著科學的懷疑精神，思考是不是所有種子都需要一個保護性的基質層，也許這個保護層沒有非得要是活著的苔蘚。金髮苔或許只是一個遮風避雨的地方。要怎麼知道種子的變化是因為這層保護、還是因為苔蘚本身呢？種子能夠分辨苔蘚和其他類似構造的替代品嗎？我們苦苦思索如何打造一個實驗用的基質層來模擬苔蘚，但又不能是活體。

語言為我們的實驗提供了一個線索。人們經常形容苔蘚像「地毯」，這個比喻非常貼切，所以我們去了地毯店，用手拂過摩洛哥的伯伯爾地毯（Berbers）跟絨毛地毯（shags），想找到類似苔蘚質地的款式。毛皮地毯（rugs）的構造非常近似苔蘚群落緊密挺直的芽苗。我倆沿著貨架一路邊走邊笑，看這些地毯跟苔蘚有哪些相似處來幫地毯取名：「都會名物」（Urban Sophisticate）改名角齒苔（*Ceratodon*）、「鄉村花呢」（Country Tweed）完全就是青苔屬（*Brachythecium*）的人造親戚。我們選了一張跟金髮苔草皮很像的絨毛地毯「深邃優雅」（Deep Elegance），羊毛材質，能夠留住水分，也能夠提供保護。我們也買了一些戶外地毯剩下的邊角料，也就是豔綠色防水塑膠纖維做成的人工草皮（Astroturf），每一片都遠比保證書宣稱的還禁得起折騰，我們把它浸泡了一番以去除上頭的化學成分，還在上面打滿了洞，好讓水滲透過去。

我們到戶外的礦渣堆上布置地毯廣場，而且打了個小賭。艾米在每張地毯上種下各類種子，包括礦渣堆和活生生的金髮苔地毯上都有。在有水又有遮蔽的絨毛地毯、有遮蔽但沒水的人工草皮、活的苔蘚，還有露天礦渣堆這幾個選項裡，種子會怎麼選擇呢？

幾週後，炎熱的夏天突然下了場大雷雨，一路嘩啦啦順著老礦場的斗壁（headwall）沖下，水傾盆注入篩子般的沙土，礦渣堆的荒漠暫時變得涼爽。沒被遮蔽的種子被沖下溪溝，金髮苔的葉子舒展開，展現堅忍不拔的綠意。人工草皮了無生機地躺在礦渣堆上；絨毛地毯濕透而且沾滿泥巴；苔蘚地毯長出一團幼苗，下一步就是要為大地包紮傷口。生命吸引生命。

人類的群體也差不多，跟生態演替一樣，會從一個階段進入下一個階段。班森礦場所在的村莊以前是一片無窮無盡的森林，伐木工人在此形成了小聚落。剛開始可能只有一棟房子，就像第一簇苔蘚的先鋒部隊。然後其他家庭來了，生了孩子，接著蓋學校，人口成長也帶來商店，再來有了鐵路，然後開礦。比起一株長在苔蘚上的幼苗，人類似乎沒有對近在眼前的未來負起什麼責任。礦業公司留下荒地邊緣的生活，讓過世的人被埋在廢棄的礦渣堆裡。

炎熱的午後，我和艾米來到一小片白楊樹林裡休息，這片樹林不知怎地就在這個滿地垃圾的荒涼地方長了起來。我們現在知道這些白楊樹的種子當初是被一塊苔蘚草地接住，然後整座島上的綠蔭就從那裡開始滋長。樹引來鳥，鳥又帶來莓果——覆盆子、草莓、藍莓——現在我們周圍就結滿了果子。樹林中間很涼，白楊樹的落葉在礦渣堆上積起一層土。幾個楓樹幼苗從附近的森林移居來此，在環境惡劣的礦區倖存下來，現在也落腳安定了。我倆把落葉撥到一邊，發現還長在那兒的金髮苔——第一個開始療癒這片土地的植物，其他植物才有機會跟上。在陰影深幽處，當苔蘚完成任務時，很快就會被取代。整個荒漠孤島上的樹木，就是第一批來到礦渣堆上的苔蘚所留下來的禮物。

08

三千分之一的森林

「奧妙的生命近在所坐咫尺；小小身軀蘊藏大大驚奇。」

——威爾森（E. O. Wilson）

雨林召喚植物學家，就好比麥加召喚信徒。多年來我夢想著要一探植物文明的搖籃，尋找那蒼翠的聖杯[16]。當這趟朝聖之旅來臨時，我的腦子裡充滿了各種幻想，期待見到各種不曾想像過、稀奇古怪的動植物。亞馬遜雨林呼喚著我，我便跟從——先搭飛機，再搭吉普車，然後換乘獨木舟橫越滿是泥巴的河流，最後走路抵達青翠欲滴的森林。

雨林內部極其複雜。裡頭找不到任何一塊空地，樹枝上垂掛著密密的苔蘚，中間點綴著幾朵蘭花。樹幹長滿一層藻類，周圍充斥著大型蕨類和纏繞的藤蔓。螞蟻成群結隊走過地面往樹上爬，地上的吉丁蟲在林間光線下閃著光澤。森林裡富含各種質地，植物的枝幹上有著各種不同的隆起物，葉子妝點著刺、皺褶、鱗片和流蘇。一道長長的陽光切過暗黑的樹冠，在落入地上的植被之前，先照亮了斑斕的蝴蝶翅膀。

雖然叢林裡的一切都極為新奇，卻有一種似曾相識的感覺縈繞在我心頭，光線的質感莫名地熟悉，還有那枝繁葉茂、濕燠與滿滿的綠意。茂密的林蔭和和餘光瞥見的動靜令我生起一種期待，想要撥開林下灌叢四處隨意走走。很像走在苔蘚間的感覺。

只要有一台好的立體顯微鏡，就可以隨心所欲遨遊在生意盎然的苔蘚草皮之間，彷彿經歷一場叢林探險。手上的針像是開路的砍刀或撥開棕櫚葉的手杖，我花了個把鐘頭找路，穿過莖幹、俯身鑽過樹枝，翻開葉片看看下面有什麼。立體顯微鏡讓我得以進入立體的苔蘚叢森林，可以拉近看個仔細，也可以退後看全景。

我很驚訝苔蘚的世界和雨林竟然那麼相似，它們的共同性多到超乎想像。苔蘚地毯的高度大約只有雨林的三千分之一，卻有同樣的結構和功能。苔蘚森林裡的動物跟雨林裡的動物一樣，透過複雜的食物鏈彼此關聯：草食、肉食和捕食性動物。生態系的各種規矩，包括能量流動、營養物循環、競爭和互利共生，在苔蘚森林裡都找得到。這些模式顯然超越了尺度的巨大差異。

我已經習慣了和善的北方森林，必須不斷提醒自己得先瞧仔細叢林植物再向前推進。隨

16 譯註：Holy Grail，原指耶穌最後晚餐用的酒杯，傳說這個杯子具有使人重生的神奇魔力；相傳亞瑟王和圓桌武士窮盡畢生之力尋找聖杯，渴望解決一切病痛、讓國家重生。聖杯因此成為一種永恆的象徵，其後許多文學、音樂、電影作品都運用了這個元素，尋找聖杯是一個神聖又偉大的主題。英文的 Holy Grail 後來被引申為「終極目標」或「畢生的追尋」等意義。

手抓一根樹枝可能會被子彈蟻[17]螫，然後就會倒下一整天；沒仔細看就跨過一根原木，可能會遇上一條矛頭蝮蛇[18]讓你倒下一輩子。蓋楚瓦族（Quechua）的導遊教我們進入森林要帶著三樣東西：眼睛、耳朵和砍刀。大多數植物的裝甲齊全，齒狀葉、刺毛莖和帶刺的表皮是基本配備，我的手被刮刺到每次走過森林的時候都要小心翼翼。跟周圍的綠意比起來，我顯得渺小脆弱，這讓我聯想到苔蘚地毯裡的小生物，想像軟綿綿的幼蟲拚命扭動身軀穿過苔蘚的密集的莖幹，葉子又尖又布滿鋸齒。

我的厄瓜多同事帶我們來到這個保護區裡一處有樹冠層的觀測平台。我們一一爬上環繞著一棵巨大木棉樹的蜿蜒窄梯，這棵樹穿過其他樹冠層，向天空打出一個孔。樹冠層通常只有鳥和蝙蝠才有機會一親芳澤，現在還加上幾個幸運的科學家。一行人順著樹螺旋向上，我們一一經過構成樹林的多個層次。

雨林的樹冠層支持了一群鬱鬱蔥蔥的附生植物，它們生長在熱帶陽光照得到的樹幹或枝條上，從雨水吸取水分、從空氣中獲得養分。蕨類和蘭花覆蓋住枝條，藤蔓植物纏繞枝幹，把附生植物和枝幹糾纏在一團。前方的積水鳳梨（Bromeliads）叢伸手可及，蠟質的紅葉看起來很像花，葉子互相交疊成為袋狀，以收集每天下午兩點左右落下的雨水。有些種類的蚊子，甚至還有青蛙，終其一生就活在這個遠高過森林地表的積水鳳梨花凹槽裡。因為這裡沒有土壤，苔蘚沿著樹枝形成了一層厚厚的軟墊，成為許多附生植物的地基。

苔蘚不只是其他植物上的附生植物，它們也支持自己這類的附生植物。苔蘚叢內可能被藻類佔據，導致它看起來像是掛滿苔蘚布簾的微型雨林。金色圓盤狀的單細胞藻類棲附在苔蘚葉上，微小的蘚類（liverworts）如絲線纏繞在莖上，狀似樹幹上的藤蔓，強勢的苔蘚可能會像絞殺榕（strangler fig）一樣把莖部吞沒。掛在苔蘚假根上的是彩色的孢子和花粉粒，形成粉彩蘭花的圖案。苔蘚森林甚至有跟積水鳳梨花凹槽差不多的東西：苔蘚葉裝滿水的袋狀構造能夠支持特殊種的輪蟲（rotifers），一種只認苔蘚葉上小水塘為家的無脊椎動物。

熱帶雨林的一個特點就是它從樹冠頂到表土清楚的垂直分層。動植物群跟著陽光照射的角度發展出適應的方法，表面濃密，隨著森林的分層往林蔭處遞減。吃水果的蝙蝠在樹冠上方盤旋，吃鳥的狼蛛（tarantula）卻躲在板根的微弱光線之間。苔蘚森林也有類似的分層。一些昆蟲常待在苔蘚叢乾燥開放的頂部，但有些像是彈尾蟲（springtail）就喜歡深鑽到底部的潮濕假根之間。

當有人走在雨林裡的時候，會傳來一陣規律的劈劈啪啪聲，不是因為雨滴，而是從樹冠

17 編按：conga ant，居住在中南美洲的一種螞蟻，體長可超過二點五公分，是世界上體型最大的螞蟻之一，被咬到的感覺就像是被子彈打到一樣疼痛，據說也是世界上被咬到最痛的昆蟲。

18 編按：fer de lance snake，又稱三色矛頭蝮，分布於墨西哥南部至南美洲北部一帶，以小型動物為食。因活動範圍接近人類居住地，頻繁咬傷人類致死，又被稱為全世界最致命的毒蛇。

落下來的碎屑。老葉、蟲子和凋零的花瓣不斷飄落，肥沃了土壤，讓養分從森林頂部的生產者到底部的分解者之間循環再生。我們好幾次被天外飛來的果子嚇一跳，原來是鸚鵡吃了一半的剩食。從高聳樹冠掉下來的水果和堅果砸到沒防護的頭可不是開玩笑的，我們的導遊秀出一塊足足有雞蛋大的瘀青。你若走在苔蘚森林下方，應該也會有同樣的碎屑雨從層層葉片中落下。苔蘚群會抓住土壤不讓它被風吹走，堆在苔蘚底部的葉子碎屑、死掉的芽苞、孢子會慢慢形成之前所沒有的土壤。腐化的有機物上長出的真菌細絲以彈尾蟲為食。累積起來的腐化碎屑成為根系植物的依靠，就像雨林裡的蘭花和蕨類總是依附著長滿苔蘚的岩石。

柏氏漏斗（Berlese funnel）這個工具專門用來研究像苔蘚這種微群體裡頭，肉眼看不見的動物群。土壤、腐爛的木頭，或一團苔蘚被放進一個大的鋁製漏斗，搭配一個擋板。一串強光照明燈就放在漏斗的上方好幾天，高溫會慢慢把苔蘚或其他物體曬乾。為了逃避強光跟尋求剩下來的水氣，所有的無脊椎動物都會向下朝漏斗的尖端移動，最後掉入下方裝著酒精的廣口瓶裡，邁向死亡的命運。

用柏氏漏斗來捕捉生物通常會有以下結果：林地上的一克苔蘚，一團差不多一顆馬芬大小，裡頭就有十五萬個原生動物（protozoa）、十三萬兩千隻緩步動物（tardigrades）、三千隻彈尾蟲、八百隻輪蟲、五百隻線蟲、四百隻蟎，還有兩百隻蠅類幼蟲。這些數據在在顯示，一把苔蘚裡面孕育的生命數量有多麼驚人。

但數字本身並不是重點。這樣的列表讓我想到導遊隨口提起的一些冷知識，像是到達華盛頓紀念碑頂端的步數，或是用來蓋紀念碑的花崗岩有幾塊，而我真正想知道的是從上面看下來的風景如何，還有石匠講的笑話。我相信柏氏漏斗盤點出來的生物數量一定非常可觀，但我更想要走進苔蘚叢裡，親眼看看上千種生物怎麼活著，而不是數著它們在廣口瓶裡的屍體。

無脊椎動物出現在苔蘚森林，跟各種野生動物受雨林庇蔭而群聚於此的情況是一樣的。這些森林提供了舒適的微氣候、遮風避雨的處所、食物、養分，還有一個複雜的內部系統能產生各式各樣的棲地。苔蘚森林跟雨林一樣是演化的熱點，苔蘚是第一個佔據陸地的植物，為後來的生物奠定基礎。許多昆蟲學家認為，早期的昆蟲演化首先發生在苔蘚群落裡，潮濕創造了從原始水生生物進化到陸生生物的條件。一直到今天，很多高度進化的昆蟲還是要靠苔蘚來孵育卵和幼蟲。大蚊（cranefly）盤旋在長滿苔蘚的崖壁上，等著把卵產到濕濕的葉片上面。大蚊媽媽還真會挑育嬰房！牠們避開有尖葉片或莖幹密集的苔蘚，以免幼蟲往下鑽時吃到苦頭。

＊＊＊

叢林裡的每個早晨，我們在鸚鵡響徹樹冠層的嘎嘎聲裡醒來，牠們的色彩艷麗得像是幼稚園的調色盤，長長的尾羽在背後飄揚，鮮紅的金剛鸚鵡襯著綠色的葉子格外顯眼。苔蘚森林的枝條間也有專屬的亮麗色點，像是紅色的甲蟎（oribatid mite），牠們又圓又晶亮，讓我想到八隻腳的保齡球在枝葉間亂竄。當我的探索打擾到牠們時，牠們就轉去別的方向，我繼續跟著牠們在孢子、藻類和原生動物間覓食，有的蟎需要捕食其他無脊椎動物，有的則是吃苔蘚葉子。

亞馬遜的夜晚在太陽落入赤道以下之後迅速到來，省略了黃昏的插曲。夜幕降臨時，大夥回到竹子平台上，那裡是我們的基地，休息的地方被架高起來，我們需要沿著一塊斜撐原木的腳踏口爬上平台。在吹熄今晚的蠟燭之前，圓木樓梯被抽上來以免不速之客到訪。雖然在熱帶的氣溫裡健行了一整天，要睡著卻不容易，夜裡的聲音尤其熱鬧：青蛙低吼、蟾蜍抖音、昆蟲嗡嗡，還有黑豹，嚎叫了整晚。

獵食動物也在苔蘚森林裡埋伏。擬蠍（pseudoscorpions）會躲藏在枯葉裡，然後靠著兩排波浪般起伏的腳衝去螯捕獵物。步行蟲（Carabid beetles）有光澤的硬殼，帶著巨螯在苔蘚草地裡逡巡，只要發現無脊椎動物就立刻獵捕。掠食性的幼蟲像蛇一樣停棲在枝條上。

雨林裡的各種獵食行為也讓生物發展出偽裝與模仿的適應力：有的蛾長得很像枯葉、蛇會模仿樹枝、毛毛蟲偽裝成鳥糞。在苔蘚森林裡，也有生物會假扮成苔蘚。在新幾內亞，象鼻蟲會背著一小塊苔蘚，讓苔蘚在牠們殼上的小洞裡生長。某些大蚊的幼蟲本身顏色就是苔蘚綠，身上帶著深色線條好隱蔽在樹葉裡，牠們慢吞吞地在苔蘚草皮裡移動，用遲緩來隱藏自己。運用同樣方法逃避獵食者的動物還有叢林裡的樹懶，牠們身披藻類，移動得非常緩慢，在樹冠層的遮蔽下幾乎不會注意到。

濃密的枝葉對不想洩漏行蹤的獵食者和獵物皆有利，但若要展現性魅力的話，就挺礙事的。要活在叢林裡就不能忽略繁衍的重要性，也就是要在生意盎然的棲地找到對象。鳥類解決這個難題的方式是透過豔麗的羽色和響徹森林的響亮叫聲來昭告自己的存在。無獨有偶，每種植物似乎不免要透過競爭來突顯自己，以吸引潛在的授粉者將花粉帶到下一朵花。很多植物的命運都仰仗與授粉者之間的關係，像是蝴蝶、蜜蜂、蝙蝠、蜂鳥。樹冠層的蜂鳥很多，牠們在陽光下斑斕閃耀，像蜻蜓那樣移動，從一朵花快速飛躍到下一朵，幾乎很難看清楚。有次千載難逢的觀察機會，是一隻閃著珠寶光澤的蜂鳥在我同伴的紅色棒球帽附近盤旋，他可以聽到嗡嗡聲，而且感覺到拍翅的氣流振動，我們都屏息拜託他不要動，那隻蜂鳥小心翼翼地探索出現在牠勢力範圍內這朵奇怪的紅襪[19]之花。

苔蘚也同樣面臨異體受精（cross-fertilization）的壓力，但它們沒有花或任何自我展現的

19 譯註：指美國職棒大聯盟波士頓紅襪隊（Boston Red Sox）。

東西可以吸引昆蟲來幫忙受精大業。苔蘚依賴水來傳遞精子，但這個過程很沒效率，因為精子能移動的距離只有幾公分而已，而住在苔蘚裡的無脊椎動物似乎有能力把精子帶得更遠一些。當牠們爬過苔蘚的時候，蟎、彈尾蟲和其他節肢動物經過雄株時可能會沾到帶有精子的黏液，接著精子就會被這些無脊椎動物帶著，被水滴沖刷到其他苔蘚上，然後就可以游向苦苦守候的雌體。無脊椎動物本身雖然不知情，卻是苔蘚森林能夠存續的關鍵角色，跟額頭上不小心沾了花粉的蜂鳥一樣。

熱帶花朵的鮮豔色彩也出現在果實上，樹冠層最常見的果實顏色是紅色，因為紅色對鳥和猴子來說最顯眼，而牠們也是最主要的種子散播者。苔蘚主要藉由風傳播，不過壺苔屬（*Splachnum*）演化出亮色的孢子體和強烈的香味來吸引糞蠅（dung flies），讓糞蠅把孢子帶走。鳥類、哺乳類，尤其螞蟻特別愛吃富含蛋白質的孢子體。我看過一隻麻雀固定從金髮苔（haircap moss）收割孢子體，乾淨俐落地用嘴喙剪破孢蒴，拖出一團孢子。螞蟻絕對是很棒的苔蘚傳播者，牠們會扛著破開的孢蒴，在回到巢穴的路上沿途撒落孢子。

雨林的開發和人口壓力造成野生動物數量急遽下降。因此我們的導遊發現貘媽媽和貘寶寶在泥地裡的足跡時非常興奮。隔天我們在破曉之前就醒來，跟著牠們的足跡，希望能夠見到本尊。在晨霧的靜謐之中，我們一路鑽過河岸的棕櫚葉，豎起耳朵聽。貘不見了，但在林子裡靜靜走著絕不會讓人空手而回。我們聽到一群吼猴起身，看著牠們穿梭在頂上林間，百分百適應樹頂的生活。

＊＊＊

我正踏在緩步動物走過的路徑上，在微距版的森林裡靜靜地移動，端詳枝條之間尋找任何一點活動的痕跡。如果我得選擇一種跟苔蘚最像命運共同體的生物，應該就是水熊（waterbear）這種緩步動物了吧。比方說貓熊的生存完全仰賴竹林，水熊的生存則跟居住的苔蘚密不可分。牠小心翼翼探索著枝葉，靠著八隻粗短的腳緩慢地前進，與小北極熊非常相像。水熊個頭矮小，圓頭，身體呈半透明或珍珠白，用長長的黑爪子抓住苔蘚的莖。牠們有吸式口器而非布滿利齒的下顎，用類似皮下注射針的螯針刺進苔蘚細胞，把細胞的物質吸取出來。其他緩步動物吃著附生在苔蘚葉上的藻類和細菌，有些甚至會捕食生物，用螯針刺進無脊椎動物吸取牠們的細胞。

如其名，水熊非常需要苔蘚球間隙之間的濕氣，牠們靠著植物之間形成的脆弱水橋來去，跨越苔蘚裡的毛細空間。我通常會去葉面特別凹陷的苔蘚裡尋找牠們的蹤跡，湯匙狀葉片裡的一泓清水是水熊的夢幻休息空間，牠們就像飽滿膠狀的小熊軟糖。苔蘚墊上的濕氣對苔蘚本身和對水熊都一樣重要，但因為苔蘚是無維管束植物，身上的水分會隨著環境裡的水含量波動。當水蒸發時，苔蘚葉就乾枯扭曲，最後變得脆脆乾乾的。水熊在脫水時會縮到原尺寸八分之一那麼小，形成縮小的桶狀生物，稱為「小桶」（tun），新陳代謝降到接近零，並以這種狀態存活好幾年。小桶隨著乾燥的風像塵土般吹到各處，落腳在新的苔蘚群落上，散播得比水熊自己短短的腳走得還遠。

苔蘚和水熊在脫水的過程都沒有受到任何損傷。休眠（suspended animation）狀態面對各種極端溫度變化或其他環境壓力都彷彿刀槍不入，等到有清水出現，像是露珠或久旱後的大雨，水熊和苔蘚會吸飽水變回正常的體型。不出二十分鐘，苔蘚和水熊便完美同步，一切恢復正常活動。

* * *

輪蟲一開始被稱作「輪狀微生物」（wheel animalcules），也有同樣驚人的耐旱能力。潮濕的時候，輪蟲住在苔蘚水分飽滿的空間裡，很像孔雀魚住在許多小魚缸裡。牠們很常在進食，順著嘴上的「輪子」轉動時產生的水流，擺動的纖毛會吸附食物碎屑。

在苔蘚的小宇宙裡，既然濕度變化無法避免，於是乎演化出共同適應的能力。鳥的演化跟牠們所停棲的樹的演化有關，水熊和輪蟲的生存也受到苔蘚的適應情況影響。

苔蘚、水熊、輪蟲，這三者在十九世紀一場關於復活和生命本質的辯論中扮演要角，模糊了生死的界線。當它／牠們乾燥的時候，所有生命徵象都消失了：不會移動、沒有氣體交換、沒有新陳代謝，進入一種喪失活力的假死狀態（anabiosis），但只要一補充水分，就會瞬間恢復生機。它／牠們看似死亡，後來卻復活了，顯示生命可以停下再重新啟動。水熊一直被用在密集實驗來測試牠們的耐受度，在乾燥狀態時，它／牠們可以耐得住其他生物活不了的環境條件：酷熱；或待在只比零度多零點零零八度的真空下。它／牠們忍受這些酷刑，而且只要一滴水就能讓它／牠們回魂，從不失手。水解鎖了生命的化學組成，其機制還鮮為人知，卻日復一日為苔蘚和水熊所用。

經過三百五十年的激烈辯論和實驗，大家終於相信生命不會因為假死而終止，只是以一種幾乎感覺不到的速度維繫著。必須要用很精密的科技才有辦法記錄新陳代謝的微速率（Infinitesimal rate），此微速率讓生命能夠無限期中止。這些生物何以能夠在生死之間徘徊，依然是個難解的謎，也依舊在我們腳下的苔蘚叢裡持續上演。

我得搭飛機先跨過赤道，驚險地飛越安地斯山脈，又在河上划三天獨木舟才能抵達雨林的中心。但在家裡，我不必走遠就能夠找到一片充滿綠蔭的森林，裡面有各種不曾見過的奇異生物。從我的花園走五分鐘，就能夠摘到一把苔蘚，再走五分鐘回到顯微鏡前，我就能夠來到鬱鬱蔥蔥的苔蘚森林深處。那裡的生物如此豐富、多彩多姿又變化無窮，遠遠超越我們的想像，令人除了讚嘆還是讚嘆。每片葉子的轉折處皆是奧祕，它們擁有這個星球上其他地方見不到的各樣生物，以及萬古以來演化出的種種微妙複雜的關係。你得小心，別踩著它們了。

09

基卡普河

我終於找到時間來整理獨木舟船底。然後大力膠用完了。喔，大力膠，拖延者的好藉口。我一層一層把膠帶撕下，隨便裹上一層在撞上奧斯威加奇河裡大石的地方，還有猛力撞上新河暗礁的船尾處。檢查各個裂縫和碎片就像在盤點一段偉大的獨木舟之旅的戰利品。這裡有一個弗蘭博河（Flambeau）的激流留下的紀念品，那裡是拉基特河（Raquette）的礫石層刮到的。甲板邊緣有一塊紅漆，沿著天空藍的玻璃纖維延伸了大約六英寸。我迷惑了一陣，然後想到基卡普河（Kickapoo），還有泡在那裡的夏天。

基卡普河流過威斯康辛西南部一個號稱「迷失地帶」（Driftless Area）的地區。冰河覆蓋了整個上中西部，卻獨漏了威斯康辛這個小角落，留下了峭壁和砂岩峽谷。我和一個研究生朋友在她進行稀有地衣（lichen）的調查時發現了一條溪。我倆划著槳順流而下，遇到峭壁或突出地面的岩石就停下來細看該地的物種。崖壁上特殊的紋理讓我很驚訝，頂端布滿斑斑地衣，但陡壁的底部卻有一條條水平、各種不同色調的苔蘚長在水面崖壁上。我本來在找論文題目，但這個題目自己找上了我。把懸崖變成垂直分層帶狀的原動力是什麼？

當然我有些想法了，我有太多次爬山卻沒有注意到海拔高度的植被變化。海拔帶（elevational zonation）跟溫度梯度有關，高度越高，氣溫越冷。我想像有某種環境梯度，類似崖壁從水面向上一路變化，苔蘚的紋理也跟著變。

隔週我獨自回到基卡普河，打算仔細瞧瞧這裡的條紋懸崖。我在橋下把獨木舟推入水，

鳳尾苔。

一路往上游划。水流比目測的還湍急，我得划很用力。我努力讓船靠近岩石壁面，但是沒有一處可以停泊獨木舟。每次我停下來想要端詳苔蘚時，就會被水流往後拉。我把手指卡在縫隙裡，卡住的深度只夠抓一把苔蘚，然後我就會被水推走了。若要有系統地做研究，肯定需要想別的辦法。

到了另一邊的堤岸，我把獨木舟拖到岸上，打算看看能否涉水到達懸崖。水底是砂質地，河水只到膝蓋那麼高。冰冷的水流像漩渦般圍著我的雙腿打轉，在這麼個大熱天感覺還挺舒服的。這裡似乎是個不錯的研究地點。我涉水到了一個手臂外的懸崖，陸棚突然間往下墜，水流切割著崖壁。水淹到我胸口那麼深，我只得緊抓著岩石。但這倒是一個跟苔蘚面對面的絕佳觀察角度。

水面往上大約一英尺，是一條深色的歐洲鳳尾苔（*Fissidens osmundoides*）。鳳尾苔（*Fissidens*）是一種小的苔蘚，每根芽只有八公釐高，卻很堅韌結實。它們的型態非常特別，整株植物很平，像一根直挺挺的羽毛，每片葉子上面都還有一片平滑瘦長的葉片，就像是蓋子，也類似襯衫胸前的平口袋。這個樹葉信封似乎能夠留住水分。幼芽全部都擠在一起，形成質地粗硬的草地。鳳尾苔有發達的假根，根狀的絲線牢牢抓緊砂岩的顆粒。它在水線處形成了實實在在的單一文化，除了一兩隻拚命掛在那兒的蝸牛，幾乎看不到其他生物。

水面一英尺以上，鳳尾苔就沒了，換成各式各樣的苔蘚群落。柔軟的銅綠淨口苔（*Gymnostomum aeruginosum*）、成堆的真苔（*Bryum*）和閃亮亮的提燈苔（*Mnium*），組合成一塊各種綠色的拼布，點綴著黃褐色砂岩構成的空補丁。

再高一點，大概從我在水底站的位置向上伸手的極限處，有一層茂密的蛇蘚（*Conocephalum conicum*），一種片狀蘚（thallose liverwort）。地錢（liverworts）是原始苔類的親戚，它們不甚討好的名字來自中世紀的植物學，「草」（wort）是盎格魯-撒克遜時期表示植物的古字。中世紀的「形象學說」（Doctrine of Signatures）主張，所有植物都對人類有特定用處，且會有個特徵來顯示該功用：人體器官和某植物形狀相仿，代表該植物是對應的療法。地錢的葉子通常是三裂片，跟人體的肝類似。沒有證據顯示地錢有療效，但這個名字[20]已經存在了七個世紀。以蛇蘚來說，比較好的名字應該是「蛇草」（snakewort），它的外觀很像青蛇（green adder）充滿鱗片的表面。蛇蘚沒有明顯的葉子，只有一個彎彎曲曲但

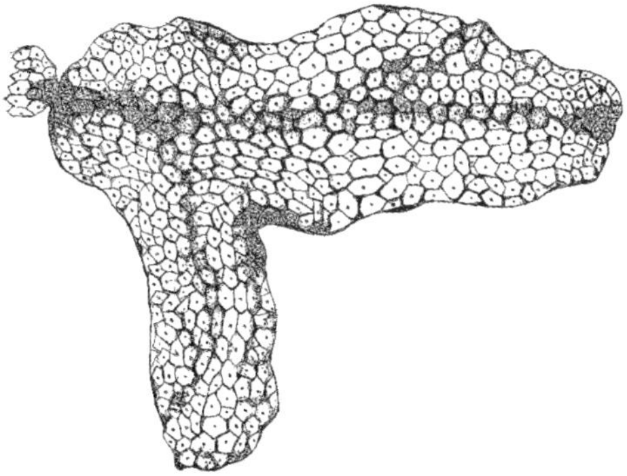

蛇蘚的片狀體。

平坦的片狀構造，末端有三片裂瓣，狀似蝮蛇（viper）的三角形頭部。它的表面分裂成為小小的鑽石多邊形，看起來很像爬行動物。蛇蘚通常緊貼著表面，蜿蜒長在岩石或土地上，以底部參差不齊的假根鬆鬆地定著。蛇蘚完全覆蓋了這個高度的崖壁，亮綠色、外表奇特，跟下方的深色苔蘚形成強烈的對比。

這些植物在崖上的分層分布把我給迷倒了。由於可以划船到達研究地點，我決定把握這個論文題目。唯一的問題是後勤，當胸部以下都泡在河水裡，我該怎麼進行這一切的測量工作呢？接下來幾週我試了好幾種方法：把獨木舟固定住，身體向崖壁伸出去，但掉鉛筆和掉尺的頻率令人絕望，而且還不斷翻船；我把發泡浮球綁在所有設備上，但水流一直把它們沖走，

20 審訂註：地錢的英文 liverwort，拆解開為 live（肝臟）和 wort（草）。本段的上下文情境應是取 liverwort 的字面意思「像肝臟的草」。

我還來不及抓住，就浮浮沉沉地漂走了。接下來我把所有的裝備都栓在獨木舟的橫座板上，應該不難想像接下來相機背帶、數據簿和測光表全都亂成一團的樣子吧。最後我決定棄船直接踩進河底，我設計了一個漂浮實驗室，把獨木舟固定在崖壁邊，我站在河裡，這樣我可以同時碰到岩石跟船。數據簿實在很難搞定，一直掉進河裡，所以我用錄音的方式來測量記錄。錄音工具被牢牢纏在獨木舟的座位上，麥克風掛在脖子上，這樣我就可以空出手來定位採樣網格跟蒐集標本，而且還有一條腿可以在獨木舟快要漂走時勾住它的繩子。我很像基卡普河上的一人樂隊。我泡在水裡自言自語，或者大聲喊出苔蘚的數量和位置，「蛇蘚三五、鳳尾苔二四、淨口苔六」，看起來應該很引人側目。我在各個樣區標上一點紅漆做記號，連獨木舟上也沾到了一些。

晚上我會把錄音打成逐字稿，將一串碎碎念轉成實際的數據。真希望我還留著一些錄音帶，純粹好玩。幾個小時嗡嗡作響的數字之間，偶爾穿插幾段精彩的咒罵，因為獨木舟快要漂走，把我脖子上的麥克風給絞緊了。我錄到好多次尖叫和水花亂濺的聲音，那時某個東西正在啃我的腳。有個錄音整段都是我在跟其他獨木舟上的人對話，他們經過時給了我一瓶冰的雷內恩庫格爾啤酒（Leinenkugel Ale）。

物種的垂直分層在這裡很明顯：底部的鳳尾苔、頂端的蛇蘚，還有中間各種其他的苔蘚。但我對這些紋理如何形成的假設並沒有得到驗證，崖壁的光線、溫度、濕度、岩石種類並沒有顯著的差異，這些紋理應該是其他因素造成的。日復一日站在河裡，我自己都變得垂直分層了——底下的腳趾頭萎縮，上方的鼻子曬傷，中層皆是泥巴。

自然裡一個不連貫的紋理，常常是物種之間互動所導致的，像是為了領土防禦或者一個樹種擋掉了另一個樹種的光。我在觀察的紋理很可能是蛇蘚和鳳尾苔之間那條有競爭意味的「楚河漢界」。我把這兩種苔蘚肩並肩種在溫室裡，給它們機會來說明彼此之間的關係。單獨生長的時候，鳳尾苔長得很好，蛇蘚也一樣。但當它們種在一起的時候，很明顯就有權力鬥爭，鳳尾苔總是輸家。蛇蘚一次又一次伸出彎彎曲曲的葉狀體蓋住矮小的鳳尾苔，幾乎要把它吞掉了。這兩種苔蘚在崖壁上互不為鄰是有道理的。鳳尾苔必須遠離蛇蘚才能存活。但如果競爭那麼重要，蛇蘚何不乾脆直接長到水線上，徹底排除其他種類的苔蘚就好了呢？

夏末某天，我發現一團草鉤在頭頂上方一根高高的樹枝上——那是一個高水位的記號。顯然這條河不總是只有涉水的深度。可能垂直分層跟物種對洪水的耐受差異有關。每個物種我都各蒐集了一點，並浸在幾個裝滿水的平底鍋裡數次：十二、二十四、四十八小時。鳳尾苔過了三天還安然無恙，淨口苔也好好的，但僅僅只是在二十四小時之後，蛇蘚就變黑變黏了。這也是紋理的原因之一：蛇蘚只能長在崖壁的高處，因為不耐水淹。

我很好奇我所模擬的淹水情況，實際發生的次數有多頻繁，有頻繁到能夠阻止蛇蘚擴張領土嗎？好巧不巧，陸軍工程兵團也在思考同樣的問題，雖然是基於不同原因。他們考慮在河上蓋一個防洪水庫，而且已經在我這個懸崖下的橋設置了一個觀測站。他們累積了基卡普河五年來每日的水位高度資料，我可以使用他們的資料來計算懸崖某點位低於水面的頻率，也可以撥打電話語音系統查詢這個橋目前的水位高度。我不是要幫工程兵團美言，畢竟他們常常破壞河川，不過這些資料真的非常寶貴。

整個冬天我都在分析這些資料，比對它們跟崖壁上的苔蘚分布的關係。毫無意外，觀測站的資料完美契合苔蘚植物的海拔帶。河水水位通常停留在峭壁的底部，鳳尾苔是那裡的主要族群，它們不怕水淹，而且結實的流線型莖部有辦法耐受水流不斷的衝擊。懸崖的海拔越高，淹水頻率就越低，蛇蘚鬆散分布的主要區域很少被淹。蛇蘚位在水面上高處，可以安心地在成片的綠意中伸展它們的蛇形片狀體。一個族群佔據了淹水頻率高的地方，另一個族群就統治干擾低的地方。那中間的呢？中間有各式各樣的物種，還有光禿禿的岩石，像是一塊空的布告欄，宣告著「還有空位」。在淹水頻率中等的區塊，沒有哪個族群特別強勢，多樣性高，有多達十種其他種類生存在兩大強權之間。

在我涉水通過基卡普河的時候，另一個科學家羅伯特．潘恩（Robert Paine）正在研究另一個干擾頻率的梯度：波浪對華盛頓海岸潮間帶的作用。他檢視藻類、貽貝和藤壺，感覺跟苔蘚沒什麼關係，不過它們都固著在岩石上，而且需要彼此競爭空間。他觀察到一個有趣的模式：少數物種棲居在持續受波浪作用的區域，但棲居於幾乎不受波浪影響區域的物種反而更少。在干擾頻率中等的中間地帶，物種多樣性極高。

岩岸和基卡普河峭壁的研究，後來產生了所謂的「中度干擾假說」（Intermediate Disturbance Hypothesis），在干擾強度介於兩個極端之間時，物種多樣性最高。生態學家指出，若完全沒有干擾，優勢族群像蛇蘚就會慢慢進逼其他物種，藉由它們的生存優勢排除其他競爭者。干擾強度太強的話，只有非常耐操的物種能忍受這種騷亂的環境。要是介於中間，干擾強度中等，似乎就來到一個平衡點，有機會讓各種生物繁衍。適度的干擾能夠避免強勢物種的競爭優勢，也有足夠的穩定期讓演替的物種安定下來。當各種不同時期的物種都同時存在時，生物多樣性就會極大化。

中度干擾假說必須透過其他生態系如草原、河流、珊瑚礁和森林的宿主來驗證，該假說提出的模式正是林務局的林火政策最重要的內容。由於煙燻熊[21]對防火的高度警覺，森林受到的干擾頻率極低，反而造成樹種單一的危機。而火災頻率太高，就只會剩下一些矮小的樹種。但如果根據〈金髮姑娘與三隻小熊〉（Goldilocks and the Three Bears）（其中一隻一定就是煙燻熊）的故事，一定有個頻率是「剛剛好」的，然後就會有豐富的生物多樣性。中等頻率

21 譯註：Smokey Bear，象徵美國森林防火的吉祥物。一九四四年由藝術家亞伯特．史特勒（Albert Staehle）繪製，海報中的熊拿著一桶水澆熄森林中的營火，下方的標語寫著：「煙燻熊說：提高警覺可以避免九成以上的森林火災發生！」美國國家森林局以此形象標誌促進防火安全和意識。

的火災，創造的環境差異為野生動物提供了棲地，也維持了森林的健康，而抑制森林火災的話就辦不到。

隔年春天，基卡普河的冰融化時，我打電話到觀測站，電話語音告訴我基卡普河氾濫了。我立刻跳進車子，驅車直達現場想看看苔蘚現在變得怎樣了。基卡普河因為被沖毀的農田變成巧克力棕色，木頭和舊欄杆在激流裡載浮載沉，撞擊著崖壁。我的紅色麥克筆不知到哪裡去了。隔天早上水退的速度跟漲上來差不多快，後果揭曉。鳳尾苔毫髮無傷，中層的苔蘚沾滿泥巴，被木頭和水流不斷撞擊拍打，造成好幾塊裸露地帶。蛇蘚在水下被悶得不算太久，還不至於死掉，但被大片扯下，掛在懸崖上像是撕下來的壁紙，又平又鬆，很容易被水拉走；相較之下，鳳尾苔就不受影響。蛇蘚剝落後產生的空白區域，變成下一代苔蘚的暫時棲地，它們會先在那裡待上一陣子，直到蛇蘚強勢回歸。這些苔蘚都無法跟蛇蘚相匹敵，也耐不了經常被水淹。它們是兩股勢力間的難民，活在物種競爭和河流力量的戰火之下。

我喜歡想像那個運作模式裡從不失手的一致性。苔蘚、貽貝、森林和草原似乎都被同一種原則給支配，干擾造成我們所見到的破壞，但只要那個平衡點還在，其實就是新生的契機。基卡普河的苔蘚在這個故事裡佔了一角。我手拿著砂紙，仔細端詳這艘舊舊的藍色獨木舟上紅漆的痕跡，決定就讓那個痕跡繼續留在那裡吧。

10

選擇

我的鄰居寶琳跟我溝通多半都是用吼的。我在外面整理車上的東西，她會從穀倉探出頭來，吼過整個馬路：「旅行好玩嗎？妳不在的時候下大雨，菜園裡的南瓜長了一大堆，自己動手啊！」我還來不及回答，她的頭就縮回去了。她不贊成我雲遊四海，但我不在時，卻又幫我把家顧得很好。當我在戶外堆柴火或種豆子，若看到她的亮橘色小帽，我會從馬路的這一側喊她，跟她說我發現池塘邊有倒掉的柵欄線。我們的吼叫代表了彼此之間簡化的情感。這麼多年來都是我從路的這一邊發出電報給她，告訴她孩子長大了、父母老了、施肥機壞了、雙領鴴在牧場的某處築巢了。九一一那天，我從電視機前衝到穀倉，我們擁抱、哭了一下，直到飼料車抵達，把我們帶去餵養嗷嗷待哺的小牛。

我的老屋和她的老倉庫都位在紐約的法比尤斯小鎮（Fabius），以前同屬於一個自一八二三年就在那兒的穀倉，共享一棵大楓樹，被同一口井水灌溉。我們把這兩棟老空間從破敗邊緣救回來，所以要說我們是朋友也行。有時候天氣好，我們會交叉雙臂站在路中間聊天，把從穀倉裡跑到路上阻礙交通的貓噓回去，路上有時候會有稻草車或牛奶卡車。當我們在吸收陽光跟聊天的時候，我倆會把骯髒的工作手套脫下來，轉身回去時才又戴上。偶爾，當我倆講電話時，她會忘記自己不是正從穀倉叫喊，所以我得讓電話離耳朵一英寸。

身為觀察力敏銳的鄰居，我們對彼此知之甚詳。她只是搖搖頭，對我在工作季一心一意要研究苔蘚的繁殖選擇一笑置之。同一時間，她跟她的丈夫艾德正在給八十六頭牛擠奶、種玉米、剪羊毛，還有蓋一棟給小母牛的穀倉。就在今早，我們在樓下郵箱處碰到聊了一下，那時她正在等AI專家來。「人工智慧？」（Artificial Intelligence）我挑起眉毛問道。她的臉垮下來，表示她的教授鄰居又顯露了象牙塔內的無知。白色的小貨車軋過穀倉前的坑洞，濺起水花，車身上有一隻公牛的圖案。「人工授精」（Artificial Insemination）。當我倆走向街道兩邊，回到自己的世界時，她轉過頭來大吼，「妳的苔蘚還有繁殖的選擇，但我的牛肯定沒有啊！」

苔蘚確實演示繁殖行為的各種可能，從放縱情慾到清教徒式的禁慾都有。有些性生活活躍的物種一次就能大量製造數百萬的子代，也有禁慾不曾發生有性生殖的物種。跨性別也不是沒有，有些物種可以隨意改變性別。

植物學家以生殖努力[22]這一指標衡量植物對有性繁殖的興致，方法很簡單，就是測量植物的體重有多少比例是用於有性繁殖。比方說，楓樹分配給木頭的能量，比給它的小花和順著微風旋轉落地如直升機般的種子更多。相較之下，牧場上的蒲公英生殖努力非常高，頂端整團黃色的花佔了植物體的大量，之後就會變成一堆毛絨絨的種子。

分配給繁殖的精力可能會以各種方式展現出來。同樣的熱量也可以產生幾個大塊頭的子

22 審訂註：reproductive effort，有機體為增加生殖力而花費的時間和分配的資源以及承擔的風險。

代——畢竟父母下了重本投資；有些物種就比較揮霍，把精力放在產生一大堆體積小又營養不良的後代。寶琳就對生了小孩但又不好好照顧的情況頗有微詞：穀倉的其中一隻長毛美貓「小藍」似乎就抱著小貓是一次性商品的態度，她生了一窩又一窩，卻不願哺育，任牠們自生自滅。角齒苔（*Ceratodon*）也是同一個路數。在通往穀倉一塊經常被牛踩踏的地上，角齒苔的葉子藏在它們終年製造的成片茂密孢子體下面，幾乎都看不到了。每個孢子都很小，看起來發育不良，就像小藍的那些貓仔，生存機會微乎其微。好在有個穀倉貓界的模範母親「奧斯卡」出現，她是乾草堆的老太太，細心地照料她的一窩貓仔，而且很樂意收養小藍的孤兒。因為這樣，奧斯卡在擠奶時間獲得了一頓牛奶大餐的入場券。

寶琳應該會喜歡像牛舌苔（*Anomodon*）這樣長在穀倉後方的石牆陰暗處的苔蘚，這個物種會延後生產孢子的時程，偏好把資源分配給生存，而非恣意繁殖。

高低生殖努力的兩種策略通常跟特定環境有關。在不穩定、干擾多的棲地，演化對能夠產出許多微小且可傳播子代的物種較為有利。像角齒苔在牛路徑這種難以預料的棲地環境，代表成體必須承受因干擾而死去的高風險，所以能夠快速繁衍會比較有利，這樣才能盡快把後代送到另一個更好的環境裡。那些被風吹走的孢子去了哪裡沒有人知道，但它們的傳播優勢很可能跟親代非常不一樣。有性繁殖的關鍵優點就是能把親代的基因混合成為新組合，每個孢子就像一張樂透彩券，有些組合好、有些則不好，但只要能有上百萬的子代在環境裡隨意傳播，這個賭注就值得。一定會有幸運兒能夠找到某個地方，讓新基因組合成功適應。有性繁殖創造了多樣性，讓個體在變幻莫測的世界裡擁有獨一無二的競爭優勢。不過有性繁殖也要付出一些代價，產生精子和卵子的時候，親代只有一半的基因可以成功傳給下一代，讓那些基因在有性生殖的樂透裡面洗牌。

寶琳腳上泥濘的靴子和身上濺了糞便的外套不太符合基因工程學家身著白大褂的形象，但她的確是在應用端的最前線工作。身為康乃爾的畢業生，她養了一群得獎的荷斯登牛（Holstein），血統無可挑剔。她若把最優質的母牛跟隨便一頭老公牛配對，失去她辛苦配種得來的基因優勢，不如用人工授精，將類似的胚胎轉移到代理孕母身上。這樣一來，她就可以養出一群變異性很少的獸群，讓原本可能會被一般有性生殖打亂的成功基因繼續延續下去。這種複製基因的方法是乳製品生產的一大進展，但苔蘚早在泥盆紀時代（Devonian era）就這麼做了。

* * *

限制變異、保存親代優勢基因組合的繁殖策略在苔蘚很普遍。穀倉後的那堵石牆從第一代農場主人在一百七十九年前蓋這棟房子以來都沒什麼變動，在這麼穩定可期的棲地，穩定如常的生活方式就是最好的方法。牛舌苔在此存活了長達兩百年，證明其遺傳組成（genetic makeup）恰恰符合此地的條件。在這種地方，把力氣花在有性生殖基本上就是浪費，製造孢子會被風吹走的這種基因型並不適合，因為最後只會消失在風中。在穩定有利的環境，最好把精力放在現存長壽苔蘚的生長和複製擴增，留下經過考驗、適合的基因型，像是純種牛。

天擇一直發生在形成了族群的集合個體之中，但僅有適者能夠生存。只要埋過好幾代沒學會過馬路的貓和死產的小牛，就知道天擇是怎麼進行的。這種時候，寶琳會用一句老台詞來輕輕帶過失落：「要想有活口，必得有犧牲。」雖然寶琳氣勢逼人，但她的動物們說出的故事可都不一樣：並非每隻動物都是佼佼者。其中一欄有隻瞎眼多年的老牛名叫海倫，牠是個溫順的老女孩，擁有古老的全方位內建導航，現在還是會跟著其他牛一起到外面的牧場。還有高乃依，這隻孤兒羊還是羔羊時就被寶琳帶回家，睡在壁爐邊直到長大活了下來。大自然裡，天擇的長柄鐮刀才不會放過弱者，不像寶琳會救牠們。所以我一直從天擇的角度在看苔蘚的生殖策略，是什麼選擇讓它們活了下來？又是什麼讓它們步入滅絕？

緣分和抉擇讓我跟寶琳相遇，莫名其妙地在這個歷史悠久的山丘農場碰面，原因或許是這棟屋子在山丘上的座向可以擋風，或是流瀉在草地上的晨光。她逃離了波士頓的家人的期待，選擇了重口味的農耕，而不是當個動物生理學家。歷經離婚的傷痛後，我像隻信鴿飛到這裡，滿懷熱情想要重新開始理想的生活。我們的夢想都在這裡找到了家。寶琳打造了自給

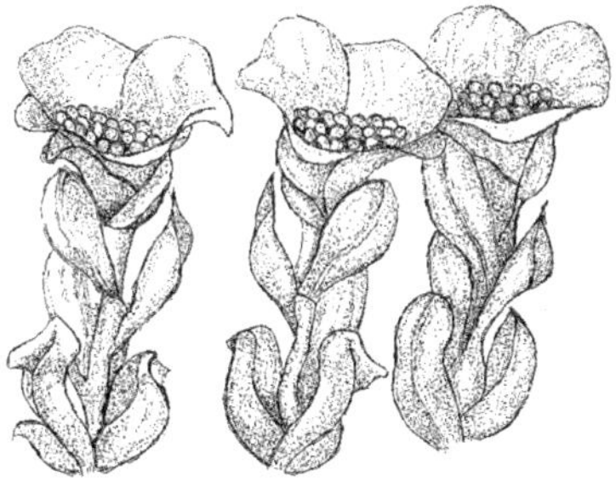

四齒苔的芽胞杯。

自足的每一天，從動物的陪伴獲得很大的樂趣。我的顯微鏡則得以和黑莓派共享一張餐桌。

在我們牧場頂端的鐵杉木沼澤，森林和牧場之間有籬笆隔著。寶琳正在附近割稻草，拖拉機沿路發出轟隆隆的聲音。我跟她招招手，然後就鑽過鐵絲進入森林，樹叢林間篩下綠色的光。我家和寶琳穀倉的建材都是鐵杉木，是好幾個世代以前在這裡砍伐的。舊木和腐爛的樹墩上覆滿了一種我最愛的苔蘚，四齒苔（*Tetraphis pellucida*），沒有哪個苔蘚比它更充滿幸福感的了。它的嫩葉像露珠一樣閃耀著光而且吸飽水，種小名 *pellucida* 指的就是這種透明如水的特質。它的新芽結實簡潔，充滿希望站得直挺挺的樣子，每根莖幹都不到一公分高，連接著差不多一打湯匙狀的葉片，排列得像是開放式螺旋梯沿著莖部一路往下。

大部分苔蘚有特殊的固定生存方式，相比起來，四齒苔的特殊之處就是繁殖選擇的彈性，它可以選擇有性繁殖或其他方式。四齒苔就站在繁殖選擇的十字路口，有能力進行有性生殖和無性生殖。

大部分苔蘚都有能力透過破掉的葉子或其他碎片來自我複製，這些碎塊會長成新的成株，因基因類似親代，在穩定的環境裡對生存有利。複製的子代還是長在親代的附近，沒有能力去開拓新領域。透過支解來複製可能很有效，但顯然是簡略且隨機延續基因的方法。不過四齒苔是無性生殖的貴族，擁有能夠自我複製的精巧設計。我蹲下仔細看樹墩上四齒苔的斑塊，看到群落的表面分布著星星點點看起來像小綠杯的東西。這些芽胞杯（gemmae cups）長在芽部的頂端，很像迷你版的鳥巢，長滿一窩極小的翠綠色的蛋。這個巢／芽胞杯是一個圓形的碗，由葉片堆疊形成，裡頭有長得像蛋的芽胞。每個芽胞是一個圓型團塊，只有十到十二個細胞，能夠捕捉光線和閃爍發光。芽胞本身潮濕，可行光合作用，每個芽胞從親代無性繁殖而來，都準備長成新株。它們在巢裡等待，等著某個機緣讓它們遠離親代，來到一個可以成長和建立新家庭的地方。

天色暗了，雷聲轟隆作響，時間緊迫。斗大雨滴落在森林的地面，螞蟻、小蟲躲進苔蘚下，以免被雨滴的衝力給壓扁。但結實的小四齒苔卻滿懷期待，它天生就是要來駕馭雨滴的。當芽胞杯被滴到的時候，雨水會把芽胞沖散推往外，巢就空了下來。芽胞可以被濺到十五公分之遠，對於只有一公分高的植物來說，這距離還不壞。當芽胞來到好位置，只要一個夏天就可以生長出新的植株。孢子得仰賴莫測的微風把自己帶到其他地方，像是岩石上、屋頂上或湖中央；芽胞很容易就落在和親代同樣的環境裡。因為是無性的繁殖芽，芽胞帶著一些已經在這個樹墩證明可以存活的基因。

相較之下，由親代有性繁殖所產生的孢子有無數種基因組合，這些粉末充滿各種可能性，被送到樹墩之外的未知之地去面對接下來的命運。也有同一個樹墩上其他斑塊的四齒苔長成跟紅杉一樣的肉桂色。這個鏽紅的色調來自下方綠芽長出的成片密集孢子體，每個孢子體的頂端有個孢蒴，形狀像個打開的罐子，罐口圍繞著四顆生鏽的牙齒，這也是四齒苔名字的由來。當孢蒴成熟的時候，數百萬的孢子會被釋放到風中。作為性結合的產物，孢子身上帶著洗過牌的基因，跟親代很不一樣。雖然它們充滿變異又可以散播得很遠，但成功率卻微乎其微。小小的孢子就算能夠成功落在適合的地方，像是另一株鐵杉樹的樹墩，但八十萬顆孢子才會成功長出一株植物。體積和成功機率之間肯定得有些權衡。芽胞比孢子大上好幾百倍，生長新植株的效率也多好幾百倍。比起孢子，芽胞的體積夠大，新陳代謝活躍，因此有比較高的機會成功繁衍。做實驗的時候，我發現十個芽胞裡有一個會長成新植株。

＊＊＊

乾草耙的聲音停下來了，寶琳走下陽光灑落的小徑來看我在幹嘛，她很高興能在夏日豔陽下偷個閒。我把自己的水壺遞給她，她喝得很急，用手背擦擦嘴，彎腰坐在鐵杉樹的樹墩。我指了兩種四齒苔給她看，無性的那群，長著可靠的「宅在家」芽胞；另一群是有性族群，甘願讓下一代跟著微風去冒險。她點頭笑了，她很熟悉這一切。寶琳女兒跟媽媽很像，畢業後決定留在爸媽附近生活工作；但她的大兒子卻離巢到州的另一端當老師，說到在日出前擠奶來開始每一天、牛群回家之後一陣子才結束一日，他可是一點興趣也沒有。

我細看長滿了四齒苔的原木和樹墩，發現一個驚人的規律：芽胞和孢子這兩種形式出現

四齒苔的生殖枝
帶有孢子體。

在截然不同的地方，幾乎不會混在一起。無性和有性這兩種生殖策略經常和不同生存環境及個別物種有關，我很好奇造成這個規律的原因。就算同在一個樹墩，為什麼同樣的物種在這個斑塊選擇無性生殖，在那裡卻選擇有性生殖呢？為什麼天擇容許兩種截然不同的行為共存於同一株植物上？這個問題讓我和四齒苔建立了深遠的關係，四齒苔教會我很多科學研究的事情，讓我既著迷又尊敬。

我立刻想到造成繁殖不規則的原因是因為一些外在環境的因素，也許是濕度的差異或腐木上的養分造就了不同的繁殖形式。所以我卯起來測量環境因子，想看看哪個因子跟有性或無性的繁殖行為密切相關。我拖著一堆酸鹼度測定計、測光表、空氣濕度計和裝在袋子裡的腐木，準備帶回實驗室分析濕度和養分。資料分析幾個月下來，我發現它們彼此之間一點關聯也沒有。四齒苔的生殖選擇似乎毫無道理可言。但如果要說我從這些森林學到什麼，就是每個規律都有它的意義。為了找到這個意義，我得不斷嘗試用苔蘚的眼光而非人類的眼光來看事情。

傳統原住民部落跟美國公立教育系統的學習方式非常不同，孩子們透過觀看、聆聽和體驗來學，他們得跟每個部落的成員討教，不管那個成員是人類或非人類。直接問問題是魯莽的舉動，知識無法拿取，只能被給予。只有在學生準備好要接收時，知識才會由老師給出來。很多學習都仰賴耐心的觀察，靠經驗來分辨事物的規則和意義。要知道，真相有很多種版本，每種真實對述說它的人而言都是實在不虛的，所以必須要了解每種知識源頭的觀點。我在學校被教導的科學方法就像直接問問題，無禮地索取知識，而非等待知識顯現。從四齒苔身上，我學到要如何用不同的方法學習，讓苔蘚自己說故事，而不是幫它們把故事寫出來。

苔蘚不會說我們的語言，也用不同於我們的方式體驗這世界。為了向它們學習，我決定採取另一種節奏，來做個得花上數年而非個把月的實驗。對我來說，好的實驗就像一場好的對話，每位聽者都為其他人的故事起了個頭。因此，要了解四齒苔怎麼做繁殖抉擇，我試著聽它說故事。我一直都是用人類的眼光來認識四齒苔群落，各叢處於各自的繁殖階段。但這麼做沒讓我學到什麼，與其把一叢苔蘚看成一個整體，我必須認清這一叢只是個方便我認知的隨機單位，對苔蘚本身沒什麼意義。苔蘚是以一根一根的莖存在於世界的，要了解它們，我就得用同樣的尺度來進行觀察。

因此我啟動了一項費勁的工作，在成千上萬的四齒苔群落裡盤點每一株幼芽，煞費苦心地研究每一斑塊裡被標記成家族的四齒苔群，計算每一根莖、每個新芽都按照性別、生長階段和繁殖模式分類，看是芽胞還是孢子。我總共算了多少個新芽呢——應該破百萬了，茂密的四齒苔群每平方公分可以有三百個芽。然後我為每個群落都做上標記，發現刺穿馬丁尼酒裡頭橄欖葉的塑膠雞尾酒劍是最好的記號筆，既不會腐爛，亮麗的粉紅塑膠在隔年也很容易找到。此外，我喜歡想像健行客遇到長滿苔蘚的木頭上裝飾著調酒棒的時候會說些什麼。

隔年回到原地，找到每個做記號的群落重新數算它們。筆記一本接一本，我記下了它們生命的變化，然後隔年再一次。膝蓋在落葉堆裡埋久了、鼻子在樹墩上聞久了，慢慢地我開始像苔蘚一樣思考。

我想寶琳應該會第一個明白這一切。做一個依靠幾英畝丘陵地過活的農場主人是件不容易的事。她做得很成功，因為她很了解她的動物們，不是一整團，而是一隻隻獨立的個體。牧場裡沒有一隻動物被標上耳標，因為她知道每隻牛的名字。她從瑪琪走下山坡的樣子，就看得出牠要生小牛了。寶琳花時間摸清楚牠們的習性和需要，因此她比規模化生產的農夫更有競爭優勢。

我的筆記本記錄了每個斑塊的命運，這是一個小苔蘚群落的動態普查。耐心觀察，不直接問問題，年復一年，四齒苔開始說自己的故事了。禿木上的苔蘚群一開始只是稀疏四散的新芽，彼此間有很多活動空間。在這個一平方公分只有五十個個體的低密度斑塊，幾乎每個新芽頭上都有個芽胞杯，掉下來的芽胞長成茁壯的新芽，當我隔年回來的時候，苔蘚的莖已經摩肩擦踵了。看過一個又一個苔蘚叢，我發現一個特別的規律。擁擠的時候，芽胞就不見了，突然間就會從長芽胞變成雌芽（female shoot）。擁擠似乎會啟動有性生殖。雌體稠密、雄體稀疏，不久後就會出現孢子體。苔蘚叢從活力飽滿的綠芽轉變成透過孢子繁殖的鐵鏽色。再隔年回去時，苔蘚叢變得更擠了，每平方公分將近有三百株。這麼高的密度似乎造成了性表現的劇烈轉變，現在只會產出雄芽，看不到一個雌芽或芽體（gemmiferous shoot）。我們發現四齒苔是連續的雌雄同體（sequential hermaphrodites），只要群落變擠，就會改變性別從雌體變成雄體。這種跟著族群密度改變性別的作法也發生在魚類身上，但之前從來不曾出現在苔蘚上。

為了拼湊四齒苔的故事，我想確定我知道什麼事情正在發生，也就是選擇有性繁殖或生長芽胞是根據群落的密度來決定的。如果這是真的，那麼倘若我試著改變密度，苔蘚就會跟著改變行為。也許我可以問一個不那麼直接的問題，或許它們會回答。說到以苔蘚的語言來問問題，我從寶琳的林子裡得到了線索。

* * *

多年前，寶琳需要現金蓋新的穀倉養母牛，她決定從自己的林場砍一些樹。她精挑細選找到一個願意盡量降低傷害的伐木工，那個人答應會好好對待這些樹林。他們在冬天砍樹，分散砍伐區域，處理得乾淨俐落。接下來的春天，疏伐過的森林鋪上了一層雪白的延齡草（Trillium），樹冠層下開著黃鱒百合花（Yellow trout lily）。因為林木的密度降低，讓更多光線可以進入，老林又重見活力。

我像一個縮小版的伐木工，泰然自若地坐著，拿著細小的鑷子探索古老又茂密的四齒苔斑塊。我一個一個拔下四齒苔的每一根新芽，一根莖一根莖處理，直到密集程度少了一半，接著就把它們放著，隔年再來觀察它們給我的回答。沒有疏伐過的四齒苔還是雄性的，而且開始變成咖啡色，但疏伐過的苔蘚冠層底下還是綠意盎然。我在四齒苔裡弄出的洞長滿了茂密的新芽，頂端長著芽胞杯。苔蘚用它們的方式回答我了。低密度適合芽胞，高密度適合孢子。

變成雄體似乎產生了不利的結果。我一直觀察到密集的雄體斑塊開始回枯，變得乾燥棕褐。這些無精打采的雄體群落因為生殖而耗損，很容易就被木頭上其他苔蘚入侵。有時候我在斑塊裡發現調酒棒，老去的四齒苔雄體群落消失之前，被入侵的蘚絨地毯覆蓋。為什麼四齒苔會選擇一種似乎註定會失敗的性生活方式，最後導致局部滅絕？

很多時候我回到一個熟悉的樹墩，發現仔細做過標記的四齒苔群落不見了。原地剩下一塊新生木頭整齊光潔的表面。我跪著移動，在樹墩底部發現某個四齒苔的斑塊依然被雞尾酒劍刺著，因為一場腐木的小崩塌而倒了下來。這些樹墩和圓木是動態的景觀。腐敗的過程和動物活動持續讓木頭一片片剝落。樹墩看起來像小山，上面長滿了苔蘚森林，腐爛的樹幹形成的碎石堆像是倒掉的巨石底部。大塊的老木剝落，帶著四齒苔形成的表面，最後形成我留意到的裸露空間。那麼這些開放空間、這些新木的地塊後來怎麼樣了呢？仔細看的話，可以看到它們布滿芽胞，小小的綠卵被潑灑到之前的四齒苔表面的縫隙裡。受到干擾之後一段時間，種子準備長成下一波的四齒苔。

我在穀倉停下想買一盒新鮮的紅殼蛋，寶琳正好從一個會議回來。我們站在陽光下，讚嘆牽牛花爬上老圓柱塔的一側。她聽說隔壁縣要開個賭場，我們笑說這是浪擲金錢在不確定的機率上。「見鬼了！」她說，「我們又不需要去賭場賭博。當農夫就是在玩二十一點（blackjack），一年進一年出的。」牛奶價格很不穩定，飼料費用從今年到隔年可以變成三倍。農家所得的起伏漲落就像飄過太陽的雲，但大學的學費只會上漲。聖誕樹、羊和玉米飼料就是這樣進場的。為了對抗不確定性，艾德和寶琳的農場採多角化經營，牛是主要經濟支柱，但在牛奶價格低的那幾年，或許羊市才能夠負擔孩子的學費，或者要靠聖誕樹才有辦法。他們能夠在一個家庭農場消失的年代存活下來，靠的就是彈性形成的韌性，異質帶來了穩定。

四齒苔也一樣，它在難以預測的環境裡腳踏兩條船，因為只要腐木一崩解，就會破壞多年來穩定成長的成果。在充滿變動的棲地裡，四齒苔透過自由轉換生殖策略來達到穩定。當群落很稀疏、有許多空出來的空間，無性生殖就很划算。芽胞比起孢子可以更快佔據沒有皮的木頭，相較於其他苔蘚更能維持競爭優勢。但當環境變得擁擠，唯一有機會傳宗接代的就是孢子。有性繁殖於焉展開，產生有各種基因組合的孢子，被風吹遠離親代逐漸縮小的棲地。孢子會不會落在適合的木頭上擴展新領域是一場賭注，但很確定的是沒有干擾的話，該苔蘚群若只停留在一地將會面臨滅絕。

其他繁衍策略不那麼新穎的苔蘚則緩步靠近，準備包圍小四齒苔。但四齒苔選到很好的棲地，充分利用腐敗對原木造成的干擾。差不多就在四齒苔的舊群落準備向競爭者屈服時，原木的表皮隨著腐木坍方脫落，露出新木，同時也去除了一個地塊的競爭者和四齒苔。如果四齒苔得依賴孢子來開拓這些空地，它的競爭者應該會更常爭贏空間。但在幾公分外就有一區準備無性繁殖的四齒苔，下雨之後，芽胞會被濺到裂縫裡，快速長出一小區活力充沛的綠芽。腐朽讓空地重生，無獨有偶，四齒苔也會自我更新且雙管齊下，可以憑藉著短期有利的芽胞，也可以依靠長期有利的孢子。在變化多端的棲地，天擇偏好彈性而非獨厚某一種繁殖選擇。看起來很矛盾，適應單一生活方式的物種會來來去去，但四齒苔卻因為保有各種可能性和選擇的自由而能繼續存活。

也許我們的老農莊也是這樣，屹立於此將近兩世紀。我們之前的代代婦女把穀倉的貓噓離馬路、種丁香花、在這幾棵楓樹下把孩子拉拔長大。AI專家取代了老牛，蓄水池取代了井。世界依然變幻莫測，我們終究憑藉著機運的恩典和選擇的力量活了下來。

11

命運的風景

應該是寧靜喚醒了我，破曉之前的銀白微光時分異常安靜，只聽得見畫眉鳥的歌聲。我在睡眼惺忪中起床。阿第倫達克山脈的早晨經常伴著棕色夜鶇和知更鳥的歌聲來到，但今天卻不聞聲響，牠們的缺席顯得格外真實。我翻身看看鬧鐘，四點十五分。窗外的光突然由銀轉為鋼青色，遠處雷聲隆隆。白楊樹翻起葉片，無風時硬挺挺地飄落，在鳥囀不響的靜默裡釋放下雨的訊號。我想，它們是準備盤據守候，期盼雨水來臨。這裡的人都說：「七點前下雨，十一點雨停。」我應該還是有辦法去划獨木舟吧。我蜷縮回被子裡等時間過去。此時壓力波（pressure wave）撞擊著小屋，像一把斧頭砍在樹上。

小屋的門突然被強風猛地吹開了，我跳下床，跑去把門關上。小屋的窗子面向一座湖泊，表面像海一般泛著泡沫、劇烈翻騰，天空變成黯淡的綠色。岸邊的白樺樹幾乎彎腰九十度，在閃電的白光下劇烈晃轉，白色照著白色，此時一道電的簾幕越過整座湖泊。門廊前的松樹開始哀嚎，窗戶惡狠狠地內傾。我把女兒們趕到小屋的後方，蜷縮在一起怕被碎玻璃或裂開的松樹打到，在風雨面前，我們渺小無語。

雷聲轟隆隆、轟隆隆，像一列長長的貨運列車呼嘯而過，然後留下一片安靜。陽光灑落在平靜的藍色湖面，但還是沒有鳥。或許整個夏天都不會有鳥了。

一九九六年七月十五日，阿第倫達克山脈經歷了密西西比河東邊有史以來最強的風暴，不是龍捲風，而是微爆氣流，一層對流雷雨乘著壓力波經過大湖區。樹木攔腰折斷，成片連根拔起，無一倖免。露營的人得待在帳篷裡，健行者受困在鳥不生蛋的地方，因為步道被堆成三十英尺高的林木壓毀了，只能利用直升機把他們接回來。一個小時內，大片成蔭的林地變成一堆倒木和亂土，曝曬在炎夏的烈日之下。

這類堅壁清野的事件不常發生，不過面對災害，森林展現了驚人的韌性。我聽說指稱災害的中文字，跟代表機會的字是同一個[23]。這次的風暴雖然造成了災害，卻為許多物種創造了機會。比方說白楊樹就適應良好，能面對週期性的干擾，因為成長快、壽命短，發展出輕到可以被風吹走的種子，靠著棉狀降落傘到處飄。為了要移動得又快又遠，白楊樹的種子一身孑然，它們可以只活幾天，發芽之後就死掉了。掉落在未受擾動的森林地表的白楊樹種子一點發芽的機會都沒有，它賴以自給自足的細小支根無法穿透厚厚的枯枝層，茂密的樹冠層也遮擋了它所需要的陽光。但在風雨之後，森林地表因為樹木被連根拔起，翻攪成一堆混亂的木頭和土屑。陽光充足的時候，落在乾淨礦質土上的白楊樹幼苗會是第一個佔領這片狼藉的物種。

類似這樣的風暴也許一世紀才一次，但風幾乎天天都在吹，搖撼冠層樹，鬆動它們腳下的土石。北方落葉林樹木死亡的主要原因就是風倒，地心引力總是最後的贏家。在暴風雨頻

23 譯註：推測是「運」字。

繁或冬天大量落雪的時候，單棵的樹就會年復一年被壓垮，像是被生態時鐘的鐘擺給敲擊。就算在平靜的日子，有時候也會聽到樹的呻吟，然後嗖的一聲倒向地面。一棵樹倒下的時候，給樹冠層留下一個洞，接著一束光就照進了森林地表。這些小小的洞沒辦法讓白楊樹獲得足夠的光源來發芽，但其他物種已經虎視眈眈要踩著別人的屍體前進，比方黃樺樹（yellow birch）就在一方因樹倒形成的土丘上快速繁衍起來，循著那一道光向上往樹冠層的楓樹前進。土丘最後侵蝕流失，剩下樺樹靠著高蹺般的根系矗立在那。黃樺樹經常被視為「巔峰種」（climax species），是成熟階段的山毛櫸－樺樹－楓樹森林裡，三強鼎立的成員之一，它必須仰賴干擾而存在。只要沒有倒木，樺樹就會消失，這三劍客就會崩解。看似矛盾，干擾對於維持森林的穩定性非常重要。

森林受到干擾之後的韌性取決於它的多樣程度。森林裡所有物種都適應各式各樣的干擾孔隙（disturbance gap），黑莓會在孔隙中等時從裸露的土壤長出來，山核桃木鑽入岩質土之間的小縫隙，大火之後長出松樹，病蟲害後有條紋楓。整個地景像是個半完成的拼圖，有深深淺淺的綠色，地景裡的空白處只能填入某一塊特定的拼圖，其他都不行。從亞馬遜到阿第倫達克，構成森林的「孔隙動態」（gap dynamics）放諸四海皆準。

這些模式代表著事物的秩序和和諧，令人放心。但如果森林裡只有一公分高的「樹種」會怎麼樣？產生孔隙和定植的動力機制同樣也會發生在小尺度的場域嗎？郊野裡湊合拼圖的律則也適用於苔蘚嗎？研究苔蘚的部分樂趣在於有機會看到大的生態規則超越尺度的限制，得以解釋微小事物的行為。這是一場對秩序的追尋，渴望捕捉到貫穿世界的軸線。

倒落在森林地表的樹，很快會變成長滿苔蘚的原木。就像上方的森林，苔蘚叢是多個種類的集合體。你若跪下來，嗅聞土壤的氣味，你會發現苔地並不是一片連續的綠，中間也有孔隙，苔蘚叢中有小小的開口，很像森林在經歷風暴後留下的禿地。巔峰種的優勢在這裡暫時中斷，為腦筋動得快的機會主義者提供了一個微棲地。

生態學先驅哈欽森（G. Evelyn Hutchinson）鏗鏘有力地點出外在世界像是一個「生態劇場與進化劇」，枯木是舞台，戲劇場景發生在孔隙之間，由外來雜草演出這場戲。

四齒苔來了，它的存在和干擾密不可分。跟白楊樹一樣，如果競爭太過激烈，四齒苔就沒辦法進化。當干擾創造了新的孔隙，它的芽胞就要趕快佔據那個空間。當孔隙變得越來越擠，四齒苔就轉為有性生殖，製造孢子把自己帶到遠處某根倒木上的新孔隙。孢子的誕生時間拿捏得正好，就在成片苔蘚佔滿孔隙、四齒苔被它們覆蓋淹沒之前。佔領這些短期的孔隙很重要。若沒有干擾，四齒苔就活不了。

但四齒苔並非一枝獨秀。另一個演化大戲裡的演員是鞭枝曲尾苔，它和四齒苔有很多共同特徵。鞭枝曲尾苔也長在腐木上，跟四齒苔一樣，體型小、壽命短，容易被大片苔蘚壓過；跟四齒苔一樣，也需要生長在干擾形成的開放空間；跟四齒苔一樣，有綜合的繁殖策略。這兩個物種雖然彼此不相關，面對生存的手段卻很相似，佔據同樣的倒木、同時、同一個森林。生態理論預測若兩個物種必須競爭共同的需求，最終會導致其中一方被排除。一定會有一個贏家、一個輸家，沒辦法共贏。那麼這兩種物種要怎麼共享原木上的空間？它們彼此如此相似，要怎麼樣共存？理論認為共生只有在兩個物種具有某些關鍵區別時才可能發生。我對這兩種孔隙的拓殖者怎麼分割棲地很感興趣，或許它們所佔據的木頭孔隙有光線、溫度或化學物質的差異。既然孔隙拓殖對它們的生存如此關鍵，我很好奇它們各自如何找到這些縫隙來

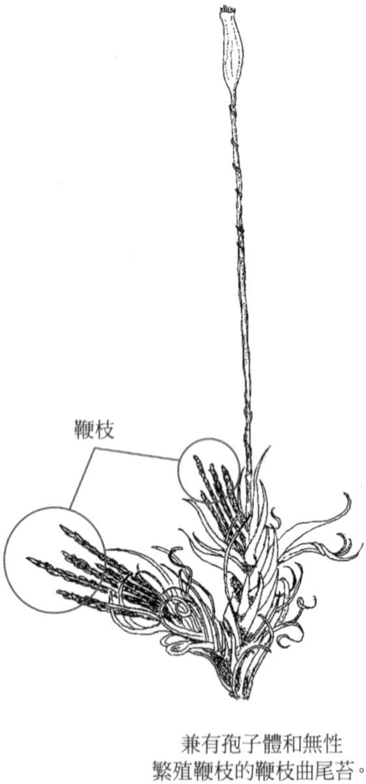

兼有孢子體和無性
繁殖鞭枝的鞭枝曲尾苔。

開展新生。

鞭枝曲尾苔的每片葉子都又長又挺，像一根小小的松針，絕對不會跟四齒苔圓亮的葉子弄混。它的繁殖策略需要產生有性孢子和無性繁殖芽，跟四齒苔撒落在倒木周圍的可愛芽胞不一樣，鞭枝曲尾苔靠著每個鞭枝頂端鬃毛般的叢簇來自我複製，理論上這些叢簇會裂開，釋放出單獨的「繁殖枝」（brood branches），細長的綠色圓柱體大概一公釐長。每個繁殖枝都有潛力複製出一株新植物。但潛力並不見得符合現實。為了發揮功能，繁殖枝必須脫離親代，想辦法移動到禿木上新的孔隙。

雖然我盡可能做了各種嘗試，卻還是不知道那是怎麼發生的。我猜它們也許會像四齒苔的芽胞一樣撒落四周，所以設計了實驗要用水噴淋它們，沒效。風呢？我在植物周圍放上黏板，檢測是否有任何繁殖枝從親代身上被吹落，無效。我又加上一把強力風扇來助陣，還是沒效。鞭枝曲尾苔製造了無性繁殖芽，卻似乎不懂得怎麼用它們。生物體某部分無作用的情況不算少見。很多生物還留著失去功能的剩餘構造，像是人類的闌尾。或許繁殖枝也一樣沒什麼作用。

我的學生楊克雷和我花了兩個夏天趴在地上，腐木和上面的苔蘚群成為我們的全世界。被苔蘚蓋住的每個縫隙都被鉅細靡遺地描述——濕度、光線、酸鹼度、體積、位置、上方的樹種，還有孔隙邊緣的苔蘚類型——這一切都記錄在我們的筆記本裡。跟大家相信的不太一樣，科學的曙光並沒有讓流血犧牲消失。我們坐在木頭上靜止不動好幾個小時，嘗試釐清每一片拼圖，五月的黑蠅、六月的蚊子和七月的鹿蠅都因此受惠。楊克雷鍛鍊出在這些施虐者沉甸甸地飛開時徒手抓蚊蠅的本事。他的筆記本沾滿壓扁的蚊蠅和我倆的點點血跡。

我們的觀察顯現出一個清楚的規律，讓我對其恆久穩定嘖嘖稱奇。雖說四齒苔和鞭枝曲尾苔都會佔據枯木的孔隙，兩者間的區隔卻很顯著，明顯到你會覺得旁邊有個「限四齒苔」的告示矗立在孔隙邊緣。四齒苔通常出現在四平方英寸以上的大孔隙，縫隙越大，四齒苔就越多。鞭枝曲尾苔則限於小孔隙，通常約莫一般孔隙的四分之一。木頭上的孔隙有多種形狀和大小，顯然這兩個物種可以因為適應特定環境而共存：四齒苔在大孔隙，鞭枝曲尾苔在小孔隙，就可以避免彼此之間的競爭。

此一模式直接呼應到上方森林的孔隙動態。四齒苔對大孔隙有所回應，彷彿它從白楊樹身上學習，散播許多可以遊走四方的繁殖芽，能夠快速自我複製把空間填滿。鞭枝曲尾苔就跟黃樺樹很像，選擇在最小的縫隙中生存。成片苔蘚跟巔峰種山毛櫸和楓樹扮演的角色一樣，緩慢地容許準備就緒的競爭者進駐。

但四齒苔和鞭枝曲尾苔的故事甚至比樹的版本更精彩。我們發現四齒苔的大孔隙和鞭枝曲尾苔的小孔隙位在非常不同的地方，四齒苔的大孔隙幾乎都在腐木的側邊，而鞭枝曲尾苔則只長在木頭的頂部，毫無例外。我們推測這兩種孔隙的大小應該是基於不同的成因，但是什麼呢？

毀滅性的風災為白楊樹創造了機會，但為四齒苔打造舒適家園的其實是真菌和不可抗的地心引力。尤其立體的褐腐真菌（brown rot）這群會侵蝕木頭的真菌為創造孔隙立下功勞，它分解木頭的方法很特殊：溶解細胞壁上的膠質讓木頭成塊腐壞，而非像白腐真菌（white rot fungi）那樣一根纖維接著一根地進行。在倒木的陡邊，被風化鬆動的木頭只要地心引力或一頭鹿路過用蹄子碰了一下，就足以震落木塊使之崩解。崩落的木塊可能拖走一整層的競爭者或其他四齒苔的群落，在枯木上造成一波土石流，創造出一個大孔隙。

那鞭枝曲尾苔的小孔隙又怎麼了呢？它們如何起源仍然是個謎，跟彆扭的繁殖枝到底能不能脫身去找一個新孔隙等待新生一樣令人費解。我們缺少了一塊關鍵的拼圖，所以我倆繼續手腳並用跪著尋找下去。

潮濕的木頭是蛞蝓的優質房地產。每天早上牠們黏呼呼的印痕在苔蘚上晶瑩發亮，曲曲折折的印記像是寫在木頭上逐漸消失的墨水，我倆試著用實驗來解讀牠留下的腳本。我們猜或許蛞蝓跟鞭枝曲尾苔的繁殖枝如何移動有關，甚至想像繁殖芽被蛞蝓的黏液黏在木頭上。薄霧籠罩的早晨，楊克雷和我出發尋找蛞蝓。我們每找到一隻蛞蝓，就小心翼翼地把牠拾起，將腹部貼到一片乾淨的顯微鏡載玻片上，像是一個沾滿墨水的圓形拇指印壓到指紋卡上，然後就把這些受驚的蛞蝓放回原處，牠們會裝死一陣子，然後繼續緩慢移動回苔蘚上。我們秉持著偵探辨識物體特徵的謹慎態度，小心翼翼地把蛞蝓印痕帶回實驗室，用顯微鏡檢查黏液看看是否帶有苔蘚的繁殖芽。果然，這層薄薄的黏液裡有些青絲。我們可能發現什麼囉！

蛞蝓似乎可以抬起小塊的苔蘚，但牠們有辦法把苔蘚帶到遠處，讓繁殖枝進入孔隙當中嗎？為了判斷蛞蝓作為苔蘚傳播者的潛力，我們為牠們打造了小小的賽道，一種給軟體動物的障礙賽。賽道是一塊長長的玻璃片，光滑的表面讓牠們可以輕鬆分泌黏液。我們把剛抓到的蛞蝓放到玻璃的一端，下面鋪滿鞭枝曲尾苔，有矗立著的繁殖枝。實驗構想是要追蹤蛞蝓在玻璃上的移動路徑，測量牠們能帶著繁殖枝移動多遠。楊克雷來自肯塔基州，那裡有純種良馬和邱吉爾園馬場。我猜競爭是人類血液裡天生的基因，所以我們選定上場的蛞蝓來打賭，一邊準備實驗一邊哼著《康城賽馬歌》，嘟搭嘟搭。唯一的問題是蛞蝓很安於待在苔蘚上，牠們閒逛了一下，觸鬚碰了幾下，就退開躺在一邊，像一隻迷你的褐色海象在海灘上曬太陽，完全無視我們的期待。顯然我們得做些什麼事來刺激牠們一下，誘使牠們滑行到玻璃上。要靠什麼來激勵蛞蝓呢？我是園藝雜誌的忠實讀者，記得曾讀到可以用淺盤裝啤酒當作陷阱，引誘蛞蝓在夜晚離開生菜床。我們決定仰仗一個老掉牙的誘因：在賽道終點提供透心涼的啤酒，最後成功了！蛞蝓的觸鬚追隨著麥芽的香氣，我們的研究對象終於擺脫遲緩，跨越過玻璃來追求獎賞，背後留下了牠們的足跡。

這場比賽慢到我們有時間在起跑和結束槍聲響起之間去吃頓午餐。結果顯示，蛞蝓靠著黏液夾帶鞭枝曲尾苔的繁殖枝，但幾乎全數都在離開苔蘚床範圍後的幾公分就掉了，沒有一個跟著蛞蝓抵達啤酒那一端。我們很失望，把蛞蝓放回森林裡，結論認為蛞蝓移動苔蘚的能力或許不若想像那麼強。如何運送繁殖芽這個問題繼續困擾著我們。

幾天後，天氣燠熱，我們坐在木頭上一邊拍打蒼蠅一邊吃飯，多希望有帶上幾罐引誘蛞蝓的啤酒。楊克雷的花生醬和果醬三明治放在木頭上，一滴草莓醬從旁邊溢滴出來。花栗鼠在田野研究站附近很大膽，也很習慣吃花生醬。事實上牠們敲了敲活捕陷阱的門，希望可以進來要點花生醬當點心，作為被學生觀測而受打擾的補償。有一隻尾巴翹得老高、耳聽四面的花栗鼠跑下木頭，直奔向三明治。我們彼此對望了一下，靈光乍現那一刻，我倆咧嘴笑了。

隔天，鞭枝曲尾苔的障礙賽又架起來了，這次是長距離的賽道，底下鋪著鞭枝曲尾苔，一隻花栗鼠志工站在一邊，幾公尺長的黏性白紙攤在牠面前。我們打開籠子，牠像子彈發射般衝往苔蘚，經過賽道抵達另一端的籠子。我們把籠子拿起來，轉來轉去仔細查看，發現小塊的綠色掛在花栗鼠肚子的毛和粉紅色的腳上，黏性紙沿路都是散落的繁殖枝印記，一米接一米。啊哈！找到繁殖枝的散播者了！不是水、不是風、不是蛞蝓，而是花栗鼠。牠的腳步踩碎粗硬的繁殖枝，鞭枝曲尾苔的小葉子像牛蒡屬植物一樣，卡在花栗鼠滑順的毛上沿路掉落。我們對這隻花栗鼠感激涕零，把牠放回森林前還奉送了一顆花生。

你可能注意過花栗鼠很忙，但牠們很少跑在路上，而是在岩石、樹墩和林木形成的曲折路徑上穿梭，像是小時候我們玩的「不碰地」遊戲。牠們把木頭當作穿越森林的高速公路。我們花了幾天靜靜看花栗鼠在覆蓋了鞭枝曲尾苔的倒木上來來去去，每根木頭一天都被穿越數次，因為花栗鼠會在餵食地點和安全的洞穴之間來回移動。牠們會突然衝刺又突然停下，三不五時煞車，定睛確認有沒有天敵。我們發現，當牠們停下的時候，小塊苔蘚會從表面被踢落，像礫石被用力煞車的汽車撥翻開來。製造苔蘚叢上的小孔洞是花栗鼠平淡日常裡的一部分——像是車道上的坑洞。每跨過道路一次，牠們就會從腳趾撒落一些鞭枝曲尾苔的繁殖枝。這就是那片消失的拼圖！也解釋了為什麼鞭枝曲尾苔只出現在倒木頂端，只有花栗鼠可以跑來跑去的地方，才能製造機會給小苔蘚生存。渺小事物串起一樣樣看似巧合的事件，秩序就存在其中。活在這樣的世界是多麼神奇呀！

很快，被風推倒的樹會變身長滿苔蘚的原木，風雨之後，苔蘚在木頭上成為一片織錦，映照出它周圍的森林是如何被同樣的力量塑造成形。白楊樹的種子飛揚在一陣劇烈強風裡，然後長出新的森林。四齒苔的孢子綠綠地撒落在倒木側邊一個土石流造成的孔隙周圍。黃樺樹安靜地在有一棵樹那麼大的孔隙間落腳，鞭枝曲尾苔填滿倒木頂部的各個小區塊。萬物各得其所，每片拼圖都有屬於自己的位置，每個部分都關乎全體。同樣的干擾與再生週期、同樣的環境恢復能力，也都在精微的尺度上演，譜成了苔蘚、真菌和花栗鼠的腳步三者命運交會的故事。

12

城市裡的苔蘚

你如果住在城市裡，不必等放假才能看到苔蘚。當然，山頂上或某條你最愛的鱒魚小溪的瀑布底下一定長了很多苔蘚，但它們其實天天在你我身邊。城市的苔蘚和都會區的人類有很多共通點：多元、適應力強、抗壓性高、能耐受汙染，在擁擠的環境也能活得很好，還常常旅行。

城市提供苔蘚很多種棲地，在自然裡反而不見得有那麼多。有些苔蘚種類在人造環境裡反而比在野外長得好。紫萼苔（*Grimmia*）並不會區分白山山脈（White Mountains）的花崗岩峭壁和波士頓公園（Boston Common）的花崗岩方尖塔有什麼不同。石灰岩懸崖在自然中並不常見，但芝加哥的每個街角都有一堵，苔蘚可以盡情攀附在柱子或飛簷上。雕像提供了各種保水的生態區位讓苔蘚安心生長。下一次當你走過公園，留意看看基座上坐定的哪個將軍的風衣皺褶，或是法院外法官的波浪大理石鬈髮。苔蘚沐浴在在噴泉的邊緣，突顯出墓碑上的文字。

生態學家道格．拉森（Doug Larson）、傑瑞米．隆特荷姆（Jeremy Lundholm）和同僚推測，這些與人類共存於都市空間的韌性草種可能早在人類成為一個物種的時候，就已經存在我們身邊。根據他們提出的「都市懸崖假說」（Urban Cliff Hypothesis），他們發現自然裡懸崖生態系的動植物群相和城市牆體的垂直分布有諸多驚人相似之處，許多雜草、老鼠、家麻雀、蟑螂等生物都是懸崖和岩屑坡的特有種，所以牠們能夠自在地共享我們的城市或許

墊叢紫萼苔形成的軟墊。

也不太令人意外。城市裡的苔蘚也像這樣，很多都長在露出地表的岩石上，自然或人造的皆有。我們往往看輕城市裡的植物，將之視為一群發育不良的落隊者，隨著晚近都市發展才重新出現。事實上，「都市懸崖假說」認為早在前尼安德塔時代，我們和苔蘚便以洞穴和崖壁為居，人類跟這些物種的關係可能自遠古就開始了。在創建城市的時候，我們融合了懸崖棲地的設計元素，然後其他人也跟進。

不可否認，城市裡的苔蘚跟柔軟如羽的森林苔蘚不一樣。都市生活的艱困環境導致它們的墊狀面積很小，叢生濃密，跟所在的環境一樣刻苦。乾巴巴的人行道和窗台使得苔蘚很快就脫水，為了避免乾掉，苔蘚枝密集群聚在一起，這樣可以共享有限的濕氣，盡量撐久一點。角齒苔（*Ceratodon purpureus*）就會形成如此緊密的群落，當缺水的時候，它們看起來很像小磚頭；當濕氣足夠時，就像綠色的絲絨。角齒苔

真苔的新芽和孢子體。

多半長在多砂礫的地方，像是停車場的邊緣或屋頂上。我曾經看到它長在切維斯墨西哥餐廳（Chevys）生鏽的招牌和路邊廢棄的車輛上。每年都會長出一批密集的紫色孢子體，將孢子傳播到下一個空地。

在城市或其他地方最普遍的苔蘚就屬真苔（*Bryum argenteum*），也叫銀葉真苔（Silvery Bryum）。我每次旅行一定都會遇到真苔。它出現在紐約市的柏油路面，隔天早上又在基多[24]我住處窗外的瓦片屋頂上現身。真苔的孢子是大氣浮游生物的一部分，孢子雲和花粉團在全世界散布流通。

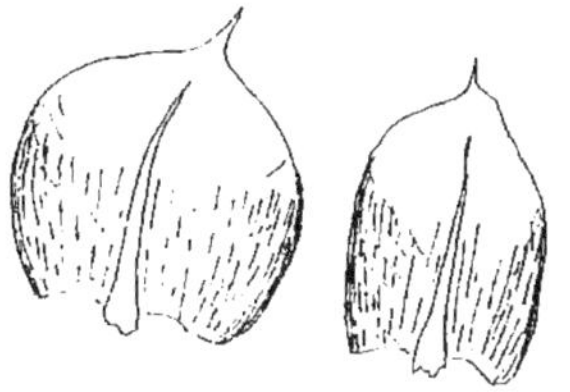

真苔的葉片。

你或許曾經走踏過無數真苔卻不曾留意過它們，因為它們是人行道縫隙裡最典型的苔蘚。下過雨後，或者清潔工用水管澆水之後，水分停留在人行道上裂縫形成的小峽谷內，和人行道上各種有的沒的供給的養分混合之後，裂縫變得很適合真苔生存。真苔因為乾燥時帶有銀色光澤而得其名，每片不到一公釐長的小圓葉邊緣都有絲絨白毛，用放大鏡才看得到。帶著光澤的毛會反射陽光，保護植物免於乾燥。條件允許的話，這些珍珠色的植物會產生一大堆孢子體，並將後代抛向大氣浮游生物裡，因此紐約的真苔很可能最後出現在香港。不過，最普遍的傳播路徑是靠踩踏。真苔位在頂端的芽部很脆弱，其實生來就是要折斷的。斷掉的頂端被行人扯掉，在另一條人行道又活了起來，讓真苔遍布在整座城市。

24 譯註：Quiro，厄瓜多首都。

真苔在自然裡的棲地很專一，跟都會環境有很多相似之處。它們的確因為城市發展，數量遠遠超越過去的農耕年代。比方說，真苔的自然棲地包括海鳥築巢處，它會在堆積的海鳥糞上拓殖領土。都會版的對照組則是被鴿子弄髒的窗台，真苔在糞便上形成銀色的墊子。還不只這些，真苔也跟中西部的土撥鼠和北極的旅鼠（lemming）有關，它常鋪展在這些動物的巢穴入口，像一張迎賓地毯。動物在門口尿尿作記號，真苔則靠著此處豐富的氮肥長得繁茂蓬勃。城市裡的消防栓基座也有類似的吸引力。

草地是另一處尋找苔蘚的好地點——前提是你得有一片沒噴藥的草地。草地植物的基部常有線狀的青苔（*Brachythecium*）、美喙苔（*Eurhynchium*）或者其他種類的苔蘚，蔓生在野草之間。

大學生活的其中一個樂趣就是接招社區提出的生物問題。有時候人們會把想要辨識的植物寄來，或詢問某種植物的功效。但讓我難過的是，很多請求都是要消滅某些東西。一位研究土壤生態學的同事告訴我，有個女人很驚惶地打電話來，因為她按照他寫的一本手冊指南在後院做堆肥，幾個禮拜過去，再檢查那堆落葉和雜燴碎屑，卻驚恐地發現上面長滿了蟲子。她想知道怎麼殲滅蟲子。

有一次我接到某個都會區的屋主打電話來，詢問要怎麼除掉草坪上的苔蘚。他堅信苔蘚正在吞沒他精心維護的草坪，所以想要報仇。我問了他幾個問題，發現草是長在房子北面的楓樹陰影下。根據打電話來的這位仁兄的觀察，他的草正在減少，本來就一直長在那邊的苔蘚現在佔據了整片空地。苔蘚殺不死草。它們的力量根本不足以與草抗衡。苔蘚會出現在草坪上，表示環境的條件對苔蘚的生長比草更有利，太多陰影、太多水、土太酸、土壤壓實——任一因素都可能導致草長不出來，讓苔蘚有機可乘。就算除掉苔蘚，也救不了這些奄奄一息的草。要嘛就增加日照，更好的辦法嘛，就是把剩下的草除了，讓自然幫你打造一個一流的苔蘚花園吧。

苔蘚在城市裡可以長得多茂盛跟區域性的降雨有關。據我所知，西雅圖和波特蘭擁有最豐富的城市苔蘚群像。苔蘚不只長在樹上和建築物上，因為那裡的冬天既長又多雨，隨便一處都能讓苔蘚生長。有次我途經奧勒岡州立大學的兄弟會外頭，那裡有棵樹的枝頭高掛著鞋子，三不五時有鞋帶爛掉的運動鞋砸到人行道上，上面都密密麻麻布滿苔蘚。

奧勒岡州的人似乎和苔蘚有著難解的愛恨情仇。一方面有些人標榜著守舊派（mossbacks）的自豪感，還支持有水生吉祥物河狸和鴨子的隊伍；另一方面，剷除苔蘚可是門賺錢事業，五金店裡堆著好幾櫃名叫「克蘚」、「蘚必滾」、「苔蘚終結者」的藥劑。波特蘭某個廣告活動的布告欄上寫著：「又小又綠又毛？宰了它！」這些化學藥劑最終流入河裡、進入鮭魚的食物鏈，對牠們造成威脅，但苔蘚總會捲土重來。屋頂修繕廠商總讓屋主覺得苔蘚會對屋瓦造成危害而導致漏水，只要繳一筆年費，他們就會幫忙除掉苔蘚。廠商聲稱苔蘚的假根會伸進屋瓦的小縫隙裡，讓屋頂損壞得更快。然而目前並沒有科學證據能夠支持或駁斥這種說法，這麼微小的假根應該不太可能對堅固的屋頂構成什麼嚴重的威脅。某個屋瓦廠商的技術專家承認他從沒見過苔蘚造成什麼損害。那何不就讓它們順其自然呢？

綠屋頂對苔蘚來說除了是夢寐以求的環境，似乎也是免於一再遭到剷除的理想替代方案。長滿苔蘚的屋頂可以保護屋瓦免受陽光大量曝曬而造成碎裂或捲曲，苔蘚在夏天會形成降溫層，下雨的時候又能減緩雨水逕流，而且苔蘚屋頂還很吸睛。卷毛苔（*Dicranoweisia*）的金色軟墊和砂苔（*Racomitrium*）的厚墊比整片空空的瀝青瓦好看太多了，我們竟然還花很多時間跟金錢把苔蘚除掉。在整齊的郊區地帶，似乎有種不成文的規定，認為苔蘚屋頂代表道德淪喪還有毀壞的屋瓦。這倫理似乎顛倒了。苔蘚屋頂竟然意味著屋主疏於維護，難道對抗自然比和自然共存更加道德正確嗎？我認為我們需要一種新的美學觀，將苔蘚屋頂推崇為一種地位的象徵，代表屋主承擔起維護整個生態系的責任，屋頂越綠越好。對於那些把屋頂上的無害苔蘚刮得一乾二淨的屋主，鄰居該投以疑惑的眼光。

* * *

有些都市人試圖除掉苔蘚，有些人則很歡迎苔蘚。讓我最念念不忘的都會苔蘚位在曼哈頓的一棟公寓，通常我得健行或划獨木舟才能看到最喜歡的苔蘚，但這次我只要搭地鐵、再搭電梯來到紐約市街的五樓，那是賈姬・布魯克娜（Jackie Brookner）的家。賈姬個頭小小，話不多，但她自帶的光彩讓人很難不注意到她，就像是礫石灘上一顆色彩斑斕的鵝卵石。我去拜訪她是因為那年夏天我們都在大石頭上下了不少功夫。

我的大石頭是阿第倫達克山脈的斜長岩（anorthocite），一萬兩千年前被冰河推擠到嘩啦啦池塘（Whoosh Pond）的岸邊。她的大石頭一開始有鋁質的骨架和玻璃纖維布覆蓋的輪廓，她把砂和礫石混入水泥，用手在表面揉捏出山脊和河谷，然後把土壓進還有點濕濕的表面。我的大石頭被穿透過楓樹蔭的陽光給打亮，因為下了一夜的雨和溪流的霧氣而濡濕，溪鱒躲在陰影底下。她的大石頭則是被公寓裡一排挑高天花板懸吊著的植物生長燈給照亮，靠著定時器的噴灑系統澆水。它座落在一個藍色的塑膠淺水池裡，裡頭有金魚躲在睡蓮下。我的大石頭叫作 #11N，她的叫作阿一（Prima），是第一語言（Prima Lingua）的簡稱。

賈姬是一個環境藝術家，她的公寓裡充滿著各種被實體化的構想：土做的椅子、植物的根和鐵絲做的巢，還有一大堆腳，用棉花田底下的黏土所鑄模的佃農的腳。第一語言：以母語所說出的原初語（first tongue），水流動在岩石上的聲音。阿一隱隱然的存在——它有六尺高——也訴說著環境的歷程，水和養分的循環、生物和無生物之間的連結。賈姬的作品不只是「岩石」和水，還是一塊長滿苔蘚、活生生的大石頭。苔蘚孢子飄進曼哈頓街上賈姬開著的窗戶，沾到石頭表面。真苔和角齒苔是第一批拓殖者。苔蘚和石頭註定是要在一起的，無論它們從何出身。散步或旅行時，賈姬會撿拾小塊的苔蘚，把它們帶回家和阿一共同生活。當適合的環境被創造出來時，繁榮的社群也於焉形成。

阿一也跟生態復原有關，它的美既實用也養眼。這尊活生生的雕塑還能夠淨水，苔蘚擅於去除水中毒素，把毒素吸附在細胞壁上。賈姬的藝術作品經常被用來探討廢水處理和都會溪流保育的問題。

我們一起用放大鏡仔細查看阿一身上的物種，還有葉子之間的蟎和彈尾蟲。賈姬的創作素材是原絲體和孢子，她對它們瞭若指掌。一台小顯微鏡跟素描和墨汁同在一張桌子上，藏卵器（archegonia）的手繪圖貼在她的工作桌前方。可惜很多科學家自認掌握了唯一一種理解自然世界運作的方法；藝術家似乎就沒有那種排他性真理的迷思。在迎接新生的苔蘚群的時候，賈姬對苔蘚如何在岩石上生成的觀察，比我所知的任何科學家都還深入。我們聊了大半夜，阿一在背後低聲表示贊同。

＊　＊　＊

住在城市的人被車潮和煙囪包圍，天天都要面對空氣污染的衝擊。當你深吸一口氣，深深沁入肺部，向下進入細小的分枝，越來越接近正在等待氧氣的血流。在肺泡裡，你的呼吸和血液不過是一個細胞的距離。細胞晶瑩濕潤，氧氣因此能夠溶解、通過，穿透這一層薄薄的水膜深入肺部，我們的身體因此和大氣同步，一起好或一起壞。都市人常見的氣喘就是整體空氣品質的徵狀。一個地區的苔蘚有多健康，也反映了當地的空氣品質。苔蘚和地衣對空氣污染非常敏感，以前街道上長滿苔蘚的樹現在都禿了。去看看你家附近的樹吧，苔蘚在或不在都是有意義的，因為它們就是危險的先兆。

苔蘚比起其他高等植物更容易受空氣污染影響，電廠排放出的二氧化硫尤其危害，這是高硫化石燃料燃燒的副產品。草、灌木和樹的葉子比苔蘚厚上好幾倍，還覆蓋著一層蠟質的角質層，但苔蘚缺少這樣的保護，葉子只有一層細胞的厚度，跟我們肺部的精微組織一樣，它們會直接接觸到空氣。假如空氣乾淨的話當然很好，但在被二氧化硫污染的地方可就悲劇了。苔蘚的葉子和肺泡有很多相似點，只能在濕潤的時候工作，水膜容許光合作用的有用氣體進行交換，也就是氧氣和二氧化碳。然而，二氧化硫一遇到水膜就會轉成硫酸，車子排放的一氧化二氮也會轉變成硝酸，而且讓葉片籠罩在酸裡面。苔蘚因為缺乏角質層的保護，葉片組織會死亡、褪色變白。大部分苔蘚最終不敵嚴峻的外在條件，所以飽受污染的都市市中心幾乎長不出苔蘚。工業化開始之後，苔蘚很快就從都市裡消失，空氣污染嚴重的地方，苔蘚就持續減少。過去城市裡長得很好的苔蘚多達三十種，現在都因為空污消失了。

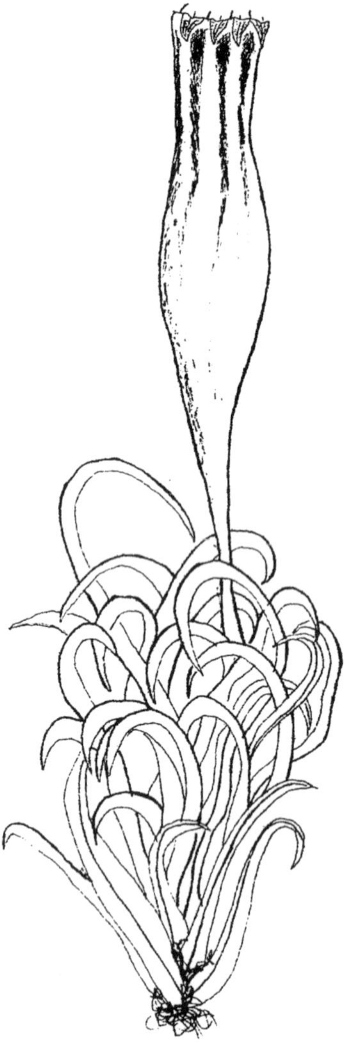

北方捲葉苔的新芽。

苔蘚對空氣污染很敏感，因此很適合作為污染的指標生物。不同的苔蘚物種能夠承受的污染程度各有不同，長在樹上的苔蘚可以用來監測空氣品質，例如樹上長出硬幣大小圓頂狀的北方捲葉苔（*Ulota crispa*）表示二氧化硫的濃度少於百萬分之零點零零四（0.004ppm），因為它對污染非常敏感。都市生物學家觀察發現苔蘚植物從市中心向外呈現同心圓的變化，通常市中心區域沒什麼苔蘚，下一區則有數種耐受程度高的種類，都市邊緣的種類更多。好消息是當空氣品質改善的時候，苔蘚就會回歸。

有些人始終沒辦法住在城市裡，包括我。我只在需要的時候才進城，時間到了就趕緊離開。鄉下人比較像細枝羽苔（*Thuidium delicatulum*），需要很多空間和陰涼的地方來生長，寧願選擇安靜的溪畔，也不願生活在熙攘的街道上。我們的生活步調很慢，不擅於耐受壓力；在城市裡，那種生活方式會很格格不入。在紐約市街上就要帶著角齒苔的風格：快速、變動不拘、善用群眾。都市對苔蘚或人類來說都不是自然的棲地，不過藉著自我適應和壓力調節，也能夠在都市的崖壁上打造家園。下次公車遲來的時候，就利用等待的時間環顧四周，找找生命的跡象吧。樹上的苔蘚是好兆頭，沒了它們便值得擔憂。還有遍地在你腳下的是真苔。在噪音、廢氣和摩肩擦踵的人群裡，總有縫隙之間的苔蘚帶來一點小小慰藉。

13

互惠之網：苔蘚的民族植物學

一聞到薰蒸鼠尾草的氣味，我心的波動便平靜下來，彷彿陽光照進了清澈的水體。喃喃的祈禱聲伴著輕煙環繞，我能夠聽見心裡的一字一句。大熊叔叔的老方法害我們又弄得髒兮兮的：點燃鼠尾草，把他的心意傳達給造物主知道。神聖植物燃燒的煙，代表眼睛看得到的心意，他的念想成為吸吐之間的祝福。

大熊的聲音很低，他開了一天車進城，忙著跟人協調接管遙遠山腳下廢棄舊校舍的事，累壞了。無論是政府的繁文縟節還是舊時傳統文化，他在這兩個世界都進退得宜，令我敬佩。大熊希望能夠為當地的孩子設立一間特殊的學校，教導事物的基本原理，像是抓魚前得先讀懂一條河、如何採集可食植物、如何活出感恩。他重視當代教育，很得意孫子的成績單全拿A，但在工作上面對困難家庭時，他每天都在見證不懂得在關係裡要互相尊重所付出的代價。

原住民的認知體系裡，每個生命都有一種要扮演的角色，誰都有與生俱來的天賦、獨一無二的智慧、心靈和成長背景。我們的傳說認為，造物者給了我們這些條件作為原始的指引。教育的目的就是要發現蘊藏在我們身上的天賦，學習好好地運用它。

這些天賦也是責任，一種照顧彼此的方式。畫眉鳥獲得的天賦是歌唱的能力，牠要負責誦唱晚課；楓樹的天賦是甜蜜的汁液，相應而來的責任便是要分享這分恩賜，在饑餓的時節把人們餵飽。這是老人家說過的互惠之網，所有生命都因此連結。這個故事和我的科學訓練也毫無違和。我在各種生物群體的研究都見過這種互惠關係。鼠尾草也有它的責任，葉片汲取水分供兔子食用，也為小鷦鷯擋風遮雨；鼠尾草也承擔了一部分對人類的責任，幫助我們清除不好的念頭，帶著好的念頭往前走。苔蘚的角色是要保護岩石、淨化水質、為鳥巢提供柔軟的緩衝。那些付出都清清楚楚。但我在想，苔蘚跟人類分享的恩賜是什麼呢？

如果每種植物都有一個角色關乎人類的生命，我們要怎麼辨別出那些角色呢？該如何讓它們發揮所長？前人留下的傳統生態知識和科學相輔相成，以口傳的方式代代相承，由一起在草地上採集的祖母傳給孫女、同在溪畔釣魚的叔叔傳給姪子、隔年會在大熊的學校裡傳給學生。但這些知識一開始怎麼出現的呢？前人怎麼知道生小孩的時候要用哪種植物？又該用哪種植物來遮蓋獵人的氣味呢？跟科學資訊一樣，必須細心又有系統的觀察自然，從無數親身經歷的實驗結果裡淬鍊出這些傳統知識。這些知識和地方環境密切相關，土地本身就是老師。植物的知識來自於觀察動物吃什麼，熊怎麼摘百合、松鼠如何輕叩楓樹。植物的知識也來自植物本身。對細心的觀察家來說，植物會自己顯露它們的天賦。

潔淨的郊區生活導致人們跟維繫我們生命的植物徹底割裂，植物的角色隱沒在層層行銷和科技的包裝之下，你不會聽到家樂氏麥片盒裡發出玉米葉的沙沙聲。大部分人失去了判讀環境中有哪種藥草的能力，只會讀紫錐花（Echinacea）密封瓶身上的「使用說明」。包裝成這樣，誰還認得出那些紫色花朵？甚至連它們的名字都不知道。一般人認識的植物名稱不到十二種，還包括像是「聖誕樹」這種類別。失去名字，就等同失去尊重。被記得名字，是重建連結的第一步。

我有幸能和植物一起長大，從小在野地裡打滾，手指總是沾染了小野莓的紅色。手上的籃子雖簡陋，但我喜歡收集柳枝的嫩芽，把它們浸入小溪。媽媽教我植物的名字，爸爸教我用哪種樹生火最好。當我離家上大學攻讀植物，學習的重點就改變了：植物生理學、解剖學、棲地分布、細胞生物學。我們仔細研究植物和昆蟲、真菌、野生動物的互動，但我不記得有一丁點提到人，尤其是原住民，即便我們學校就座落在奧農達加縣（Onondaga）易洛魁族聯盟（Iroquois Confederacy）的中心傳統領域。人類在這段故事裡被排除了，也許是巧合，也許是故意的，我不確定。我有個印象是，如果把人類互動也算進來的話，科學的聲望多少會受到影響。所以當吉妮找我一起策畫奧農達加部落的植物走讀，起初我不太願意，後來勉為其難承諾我只能提供生物的名字和介紹。後來我發現吉妮非常看重我帶到課堂上的科學認知方法，當然，最後我也因此教學相長。

我十分幸運，在學習路上都遇到好老師。我很感謝我的朋友兼老師，吉妮·仙納度（Jeannie Shenandoah），一位傳統的奧農達加草藥師和助產士。她總是帶著一份篤定，前進的姿態彷彿能夠覺知腳下的一切。我們因為教學成為很好的夥伴，無論我倆找到什麼植物，生物學的部分我一定知無不言，她則會跟我分享傳統草藥的用法。跟她一起散步，一邊修剪接生用的莢迷花樹皮嫩枝和要做藥膏的白楊樹芽，我開始用不同的方式認識這些樹林。求學的時候，我對植物跟其他生態系統之間的關係深深著迷，但這張連結的網從來不曾包括過我，我唯一的角色就是一個置身事外的旁觀者。我從吉妮那邊學到用山丘上的黑櫻桃榨出糖漿來治療女兒的感冒，還有用池塘旁邊蒐集的澤蘭屬植物來退燒。當我一邊採集晚餐要用的野菜食材，我又憶起兒時曾與森林建立的關係，一種有互動、互相照顧以及感恩的關係。當香氣四溢、熱騰騰又抹著奶油的野韭菜下肚之後，應該不會有人覺得學術可以跟土地脫節。

我已經在苔蘚的世界裡打滾多年，但我明白我們之間仍然保持著一種距離：我們是在智性的層面上交集的，苔蘚教給我它們的生活，但我們的生活卻沒有讓它們參與其中。為了要真正認識，我得知道世界初始的時候，苔蘚被賦予的角色是什麼。造物主在它們耳邊說了什麼，要它們發揮什麼樣的天賦來照顧人類？我問吉妮她的族人怎麼利用苔蘚，但是她不曉得。他們不會把苔蘚當作藥草或食材。我相信苔蘚一定是這張互惠之網的一分子，但已經失去彼此間的連結好幾世代了，這樣我們該如何得知呢？吉妮告訴我，就算人們遺忘了，植物一定還記得。

傳統知識認為，一種學習植物特質的技巧是弄清楚它的來龍去脈，這跟原住民的世界觀若合符節，認為植物有自己的意志，會在需要它們的時機和場合出現，植物會自己找到適合發揮長才的地方生存。某年春天，吉妮告訴我有種新植物沿著她的樹籬石牆生長，原來毛莨和錦葵上方出現了一大叢藍色的馬鞭草，她從來不曾看過它們長在那裡。我試著解釋春天潮濕導致土壤變化，形成適合生長的環境。還記得她懷疑地揚起眉毛，但很客氣沒有糾正我。那年夏天，她的媳婦被診斷得了肝病，去向吉妮求救。馬鞭草是很好的養肝補品，且已經在樹籬上久候多時。一次次，植物都在被需要的時候來到。這個規律能否告訴我們苔蘚是如何被應用的呢？它們到處生長，成為日常景觀的一部分，小到讓我們渾然不覺。根據植物的語言，或許這說明了它們之於人類家戶的角色——微小而不張揚。一旦苔蘚消失不見，肯定是我們最懷念的微渺日常。

我問大熊和其他長輩是否知道哪些苔蘚的應用方法，結果什麼答案也沒有。現今的老人家和懂得運用苔蘚的先輩已經差了好幾代，而且受政府推動的同化運動影響太深。因為不再應用苔蘚，太多東西因此失落。身為專業的學者，我去圖書館翻遍人類學家的田野筆記想尋找古時和苔蘚的連結，閱讀陳舊的民族誌試圖拼拼湊湊，想知道我若發問，那些老人家會怎麼說。我好希望這些書頁可以像鼠尾草的煙一樣，裡面的意念可以讓人看得見。

我很享受採集植物的樂趣，喜歡籃子裡裝滿根葉。通常我會鎖定某一種植物為採集目標，比方接骨木的季節來臨或佛手柑因為油脂而沉甸甸。但其實閒逛本身才是最吸引人的，尤其是尋覓途中的意外發現。在圖書館裡也有類似的感覺，跟採野莓很像——書本形成的平靜原野、專注尋找的感覺，還有隱藏在灌木叢某處的知識，才是整個過程裡最珍貴的東西。

我翻遍各母語字典，想尋找是否有留下苔蘚的族語記錄。假設苔蘚是每天反覆出現的字詞，那麼它的日常應用應該也很普遍。在閱讀晦澀的學術資料時，我不只找到一個字，而是很多字來形容苔蘚，像是針對樹苔、莓蘚、岩石蘚、水裡的苔蘚、還有榿木上的苔蘚。我桌上的英文字典裡只找到一個，它把兩萬兩千個種類濃縮成唯一一類。

雖然苔蘚出現在各種棲地，不同族群賦予了它們不同名字，我卻幾乎沒有在人類學家的記錄裡找到一丁點線索。或許是角色太微渺，連存在都不值得一提。也或者，記錄報導的人對苔蘚認知不足，不知道可以問些什麼。比方說我找到蓋房子的記錄，從連排長屋到棚屋都詳盡說明建造細節，像是木板怎麼劈還有怎麼鋪設樹皮屋瓦，但幾乎沒提到用苔蘚填補木頭間的縫隙，只有在冬天的風灌進來的時候，人們才會注意到。果然，脖子後的冷風才能引起你我的關注。

苔蘚叢的隔絕功能也有助於阻擋冬天寒氣入侵。看過一份又一份的資料，我發現北邊的人以前會在冬天的靴子和連指手套裡墊一層柔軟的苔蘚作為隔絕層。

當冰封了五千兩百年的「冰人」（Ice Man）在融化的蒂羅爾冰河（Tyrolean glacier）被發現時，他腳上的雪鞋裡還塞著苔蘚，包含扁枝平苔（*Neckera complanata*）。苔蘚為冰人的出身提供了很重要的線索，因為扁枝平蘚只會出現在低地河谷裡，位在南邊六十英里以外的距離。北方森林裡，羽苔（feather mosses）在雲杉下方長了厚厚一層，它們溫暖厚實，可以當作床鋪和枕頭。「當代植物分類學之父」林奈就提過他到芬蘭的拉普蘭地區拜訪原住民薩米人時，曾經睡在金髮苔做成的攜帶睡墊上。據說灰苔（*Hypnum mosses*）做成的枕頭會讓人做上特別的夢。其實 *Hypnum* 這個屬的名稱就是在指稱這種令人出神的效果。

我慢慢爬梳資料，發現苔蘚被編織進籃子成為裝飾、做成燈芯還有用來刷洗碗盤。我很高興能挖掘到這些小註腳，表示人們並非對苔蘚毫無覺察，苔蘚確實在日常生活裡扮演著某些角色。但我也很失望，因為沒有一點談到造物者賜予苔蘚什麼樣的天賦，這個植物獨一無二的角色究竟是什麼。畢竟乾草也能夠當作靴子的隔絕層，松針也可以鋪成柔軟的床。我本來希望可以找到一種反應苔蘚精髓的使用方式，本來希望發現以前的人跟我一樣對苔蘚很有感覺。

泡圖書館讓我有了一點點進展，但直覺告訴我在那裡找到的故事還不夠，每種認知的方法都有它的優缺點。從書堆中喘口氣的當口，我憶起雪融時，新芽從冬天亂蓬蓬的落葉裡探出頭，跟著吉妮去找植物的經驗。我們找到的第一種開花植物是款冬（coltsfoot），長在奧農達加溪的礫石灘邊。植物學家可能會解釋它偏好三月的溪岸是因為生理機制或不耐競爭，這或許沒錯。不過，根據奧農達加族的理解，款冬長在這是因為接近能應用它的地點。哪裡有疾病，哪裡就有解方。長長的冬天冰融之後，孩子根本無法抗拒流水的魅力。他們踩水、潑水、比賽放流樹枝，把自己泡在溪流裡，渾然不覺那刺骨寒意，直到回家之後半夜咳醒。款冬茶對治療那種程度的咳嗽很夠用，那種小朋友把腳弄濕導致的咳嗽。另一個民俗植物知識的原則是我們可以藉由植物長在哪裡習得它的使用方法，比方說大家都知道哪裡有病因，附近就會有藥用植物。吉妮所言跟科學一點都不衝突。不只要問款冬如何長在溪邊，而是要問為什麼，這就跨到植物生理學無法解釋的境界。

植物的功能可以從所在的地方判讀出來。有一次我在林子裡前進時，為了爬上一個陡坡，不小心抓到有毒的長春藤，我立刻想辦法去找它的同伴。這招從不失手，鳳仙花跟毒藤一樣都長在潮濕的土裡。我用手掌壓碎它多汁的莖部，發出一聲悅耳的嘎吱聲，汁液噴濺，然後我把解藥塗了滿手。鳳仙花解了毒藤的毒，疹子也沒發作。

假設植物藉由長在哪裡來訴說它們的功用，那麼苔蘚要傳遞的訊息是什麼呢？想想它們生長的地方：沼澤、溪畔、有鮭魚跳躍的瀑布水霧區。如果這些還不足以構成清楚的信號，下雨就是嶄露天賦的時候了。苔蘚是跟著水而生的，看原本又乾又脆的苔蘚在一場雷雨之後變得飽滿盎然，它在用一種更直接、優雅的語言傳達它的角色，遠勝任何我在圖書館裡找到的資料。

或許十九世紀的人類學記錄的苔蘚資訊很有限，是因為大部分觀察原住民族群的研究者都是貴族階級的男性，研究都聚焦在他們所看到的事物上，而這些人能看到什麼，則受限於他們的背景出身。他們的筆記本記錄了滿滿的男人嗜好：打獵、捕魚、製作工具。苔蘚曾經出現在武器裡頭作為魚叉頭後方的填充物，這一點就被鉅細靡遺地描述。就在我踏破鐵鞋無覓處打算放棄的時候，竟然就給我找到了！唯一一則記錄。這條敘述非常簡潔，彷彿可以看到記錄者當時臉紅了：「苔蘚普遍用作尿布和衛生巾。」

想像那一則記錄背後糾葛複雜的關係，被化約成一個簡單的句子。苔蘚最重要的使用方式，也就是反映苔蘚天賦的角色，是女性手邊每天使用的工具。這麼說，我就不驚訝為什麼這些男性民族誌學者不曾深入探究照顧嬰兒的細節，尤其是瑣碎無聊但無可避免的尿布大小事。但什麼能比寶寶的健康之於家庭的存續更重要呢？在拋棄式尿布和無菌濕紙巾當道的今日，很難想像沒有這些科技要怎麼照顧嬰兒。想像整天背著一個沒包尿布的嬰兒，那個畫面根本不忍卒睹。我很確定奶奶的奶奶一定會想出聰明的辦法，在家庭生活最根本、最重要的層面，苔蘚展現了它們的功能。這不是謙虛。寶寶被捆縛在搖籃板[25]裡，裡頭塞滿舒適的乾苔蘚。我們知道泥炭苔（*Sphagnum*）可以吸收本身重量二十到四十倍之多的水分，跟幫寶適尿布的表現差不多。對當時的媽媽來說，塞滿苔蘚的育兒袋或許跟現在流行的尿布包一樣重要。乾燥泥炭苔裡頭的空氣可以吸走寶寶皮膚上的尿液，就像吸收沼澤裡的濕氣一般，它本身收斂酸性物質跟溫和殺菌的特性甚至可以預防尿布疹。像款冬一樣，濕軟的苔蘚就長在咫尺，剛好在媽媽蹲下來幫小寶寶洗澡的淺水塘邊，就出現在需要它們的地方。身為一個新千禧世代開頭的母親，我有點惋惜我的孩子從沒體驗過柔軟的苔蘚碰觸皮膚的感受，那份和世界的緊密連結，是幫寶適永遠辦不到的。

女人的生理期也跟苔蘚密不可分，很多傳統文化都把這段期間稱為「月事」。乾燥苔蘚被當作衛生巾。民族誌在這方面的描述也非常粗略，畢竟男性不太清楚經期女性在隔離小屋裡經驗到什麼。我想像這些小屋是月事同時來潮的女性聚會的地方，發生在夜空完全沒有光害的部落裡。人類學家的傳統觀念認為經期女性是不潔的，必須隔離。但這個解釋是基於人類學家對文化的臆測，而非來自部落婦女本身，她們的說法可完全不同。優克部落（Yurok）的女人形容這是一段能夠靜心冥想的時間，只有月事來潮的女性才能獲得恩准前去特別的山泉池沐浴。易洛魁族（Iroquois）的女性認為禁止女性在月事期間活動，是因為此時是女性的靈性高峰，太強的能量流動可能會影響整體能量的平衡。對某些部落來說，經期隔離是一段淨化和鍛鍊心靈的時間，跟男性在蒸汗屋[26]的訓練有異曲同工之妙。她們的小屋裡一定塞著好幾籃精挑細選的苔蘚。必須要說，女性非常擅於觀察各種苔蘚，對苔蘚的質地知之甚詳，早在林奈之前就建構起貼身的植物分類學。虔誠的修女肯定會被這種作法給嚇得嘴歪臉斜，但我總覺得乾苔蘚變成煮過的白布，實在是少了點什麼。

25 譯註：cradleboards，美洲原住民及北歐少數民族因時常遷徙所使用的嬰兒保護背帶，將嬰兒包裹在小毯子中，並綁在一個特殊設計的木板上。

26 譯註：sweat-lodge，美洲印第安原住民的傳統淨化儀式，以桑拿蒸氣浴大量流汗，象徵體內不潔淨之物排出而達到淨化目的。

我讀到另一篇民族誌記錄，是一位名叫歐娜・甘瑟（Erna Gunther）的女性寫的。裡頭充滿女性工作的觀察，尤其是準備食物。苔蘚本身不是食材，我嘗過，那種苦苦沙沙的口感會讓人打消所有讓苔蘚入菜的念頭。不過即使苔蘚不會直接被食用，也是準備食物時很重要的一部分，特別是在多雨的太平洋西北地區部落，那裡苔蘚長得特別好。哥倫比亞河（Columbia River）上游集水區的兩種主食是鮭魚和北美百合（camas, *Camassia quamash*）的根，兩者都因為它們餵養人類的天賦而備受尊崇，兩者也都跟苔蘚有關。

捕鮭魚通常需要整個家族一起協力。捕魚是男人的職責，女人負責準備用赤楊木生火來烤魚。煙燻鮭魚可以餵飽部落一整年，這個過程要小心進行以確保食物的品質跟安全。在烤魚之前，得先擦掉新鮮的魚身上一層黏黏的外皮，以除去可能的毒素，避免魚在烤乾的時候皺縮起來。古時都是用苔蘚來擦鮭魚。奇努克族（Chinook）的民族誌就曾形容女性儲放了大量的乾苔蘚在盒子和籃子裡，以確保鮭魚季來時手邊有充足的苔蘚可以用。

苔蘚也支持著西北部的另一種主食，北美百合。這是百合家族的成員之一，春天時會長出皇家藍（寶藍色）的小花，多半出現在部落精心照料的濕草地上，像是內茲珀斯部落（Nez Perce）、卡拉普亞部落（Calapooya）和尤馬蒂拉部落（Umatilla），他們燒草、除草、挖土，悉心養護成片的北美百合草原。路易斯與克拉克[27]曾提過開花的北美百合廣袤的程度，從遠處看還以為是一片波光粼粼的藍色湖面。他們遠征通過比特魯特山（Bitterroot Mountains）時很驚險，幾乎要餓死。幸好內茲珀斯部落的原住民把冬季儲糧北美百合拿出來救濟他們，才挽回他們的性命。

北美百合的地下莖充滿澱粉也很脆口，吃起來有點像生馬鈴薯，不過通常不會生吃，而會費心製作成厚麵糊配上糖漿。它得用上烤爐來蒸烤，土窯由燒熱的岩石排成，北美百合的鱗莖被放在窯裡，上面會鋪一層濕苔蘚，讓苔蘚和北美百合層層疊疊。烤爐上鋪滿蕨類，爐子上方也有火源，可以整夜燜燒。濕苔蘚可以作為蒸氣的來源，滲入北美百合的鱗莖，把它們烤成深褐色。當烤爐打開、冷卻後，蒸熟的北美百合會被削成條狀或塊狀，方便存放。北美百合全年可食，在西部是常見的買賣，通常外層會包著苔蘚和蕨類。

北美百合在西部的部落裡依然是一種備受尊崇的儀式食物，今日還是如此。在紐約州北部的奧農達加縣，一年當中有幾個向植物表達感謝的儀典，各有其時，首先是楓樹，然後是草莓、豆類、玉米。每年十月在加州的大熊湖鎮（Big Bears）就有一場橡實的盛宴。據我所知，沒有一個特殊的儀式是獻給苔蘚的。或許禮敬這些不起眼的小小植物最好的方式，就是尋常

27 譯註：指美國陸軍梅里韋瑟．路易斯上尉（Meriwether Lewis）和威廉．克拉克少尉（William Clark），一八〇四年他們在當時的傑佛遜總統的委派之下，帶領探險隊跨越密西西比河往西探險，穿過大陸中央的洛磯山脈，直到太平洋。這是白人第一次踏入印第安人與熊的土地，也是美國國內首次橫越大陸，西抵太平洋沿岸的往返考察活動，標記著西部拓荒的開始。路易斯和克拉克因此成為西部探險的英雄象徵。

的小小方法。溫柔盛托住小嬰兒、接住經血、為傷口止血、保暖——我們不就是這樣在世界裡安身立命的嗎？

人們聚集起來向植物表達謝意，無論雄偉或卑微，它們都擔起了照顧人類的責任，於是我們燒菸草向植物致意。在我的文化裡，菸草是知識的傳遞者。我們要尊重通往知識的不同路徑，尊重以口頭言傳的老師、以書寫傳承的老師、藏身於植物裡的老師。是時候把念頭轉化成責任了。在這張互惠之網中，屬於我們的天賦是什麼？你我可以回報植物的又是什麼呢？

古有明訓，人類的角色是要尊重和管理。我們有責任關照植物和土地，向所有生命致敬。我們被教導過，運用植物就是在向它身處的自然表達敬意；我們使用它的方式要讓它的天賦能夠繼續滋長。神聖的鼠尾草所扮演的角色，就是讓心意能夠傳達給造物主。我們從這位老師身上學習，也要活出我們心中的敬意和感激，讓世界都看得到。

14

紅色運動鞋

我在陽光照耀的泥塘裡獨舞，腳下的土像波浪般緩緩翻動。一陣暈船的感覺襲來，我的腳流連在半空中，等待踏回堅實的地面。每一步都創造了新的起伏，像走在水床上。我伸手抓住美洲落葉松的樹枝想穩住自己，但我在一個地方站了太久，冰冷的水已淹到腳踝。沼澤吸住了我的腳，把腳拔出來的時候還發出啵啵聲，小腿肚穿上一層黑色的泥。還好我把靴子留在蛇形丘上了。我有一隻紅色運動鞋還遺落在某地深處，好幾年前某次出差調查時掉的——現在我都打赤腳。除去愛偷鞋子的癖好之外，沼澤湖應該是夏天午後非常宜人的地方。

一圈環形的樹包圍沼澤，把森林隔絕在外。泥炭苔（peat mosses, *Sphagnum*）圈圈閃耀的翠綠色像是螢火蟲飛在一排深色雲杉木前。老人家說過，看得見和看不見的世界，有陽光照耀的沼澤表面和池塘的幽暗深處，兩者比鄰共存。有更多東西眼睛看不見，但依舊存在。

五大湖區的森林裡，祖先留下的土地上有很多壺穴[28]沼澤。阿尼什納比部落（Anishinaabe）用水鼓來進行儀式，這種鼓非常神聖，不容易親眼見到。木碗上鋪著的鹿皮裝滿聖水，水鼓「代表水、宇宙、萬物和人類的心跳」。木碗表示敬重植物，鹿皮表示敬重動物，以及水表示敬重大地之母所滋養的所有生命。鼓上綁著一個環，代表萬物出生、成長、死亡的循環，還有四季的遞嬗跟年月的週期。

說到苔蘚的重要性，地球上沒有一個生態系能超越泥炭苔沼澤。泥炭苔的碳含量比這個星球上任何一種植物都要高。在陸生棲地中，苔蘚跟維管束植物相比總是黯然失色，退居配角。但在沼澤裡，它們就是王者。泥炭苔不只在沼澤裡欣欣向榮，還能創造沼澤。土質酸又積水的棲地不利大部分高等植物生存，就我所知，大小植物沒有一種能像泥炭苔這樣，利用本身的特性來打造周圍環境的。

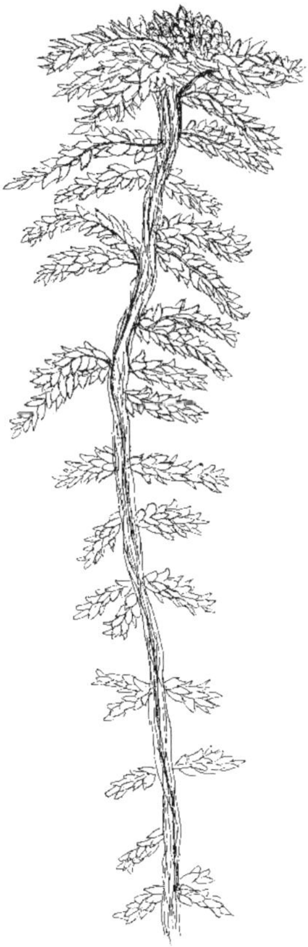
泥炭苔單株。

28 譯註：地質名詞，指流水侵蝕造成的圓形窪地或坑穴。

沼澤裡每一方寸都覆滿泥炭苔。事實上，那並不是地，而是水，只是被苔蘚的結構巧妙地支撐著。我其實走在水上，走在池塘表面的泥炭苔軟墊上。沼澤中央還看得見一部分池水，水面平緩深邃。沼澤塘總是超乎尋常地平靜光滑，深色的水把你的視線往下拉進那無底世界。夏日浮雲的倒影寧靜無擾，因為唯一的水源就是雨水，沒有溪流往來在泥炭苔的小島之間。水很清，泥炭苔慢慢腐敗釋出的腐植質和單寧酸，讓水變成了沙士的顏色。

泥炭苔的莖，讓人聯想到英國牧羊犬在池塘裡游過泳後，全身濕淋淋的樣子。它的頭很像拖把長在水面上，稱為頭狀枝序（*capitulum*），身體的部分從莖節向外垂掛著長長的枝條。葉子很小，只有一層綠色的薄膜，像是濕透的魚鱗挨在樹枝上。泥炭苔如果被踩踏過，聞起來甚至很像濕漉漉的狗，沾染著從池底淤泥飄出的硫磺味。

讓我最驚豔的是泥炭苔大部分都是死的。你可以在顯微鏡下看到每片葉子都有一條條細長的活細胞包圍著死掉的細胞，像是空空如也的牧場被綠籬包圍。二十個細胞裡只有一個是活的，其他不過都是死掉的細胞殼，也就是骨頭包著過去的細胞內容物消失後餘下的空間。這些細胞並沒有生病，只是在死後才會發揮全方位的功能。細胞壁有很多孔隙，布滿微型篩子般的小小孔洞。這些穿孔的細胞無法行光合作用或生殖，但對於植物的生長至關重要，唯一的功能就是保水，很多很多水。你若從沼澤看似結實的表面摘下一些泥炭苔，它會不斷滴水，一大把泥炭苔就可以擰出將近一夸脫的水來。

泥炭苔的多孔細胞。

泥炭苔的內部充斥著死掉的細胞，因此可以吸收體重二十倍之多的水分，優異的保水能力讓它得以調整周圍的生態系統來順應生存的需求。泥炭苔會讓土壤變得潮濕，填滿土壤分子之間原本充滿空氣的縫隙。根需要呼吸，但積水的泥炭會創造出無氧的發根環境，大部分的植物都受不了。因為周邊樹木長不起來，沼澤往往照得到光又開闊。

活的泥炭苔底下那一層濕氣導致氧氣不足，也減緩了微生物的生長。因此，泥炭苔死去後的分解速度極慢，可能好幾世紀都不會有什麼改變。埋在地下的泥炭苔就留在那兒，年復一年又一年，越積越多，最後淹滿整個池塘。如果我能在沼澤深處找到我的紅色運動鞋，應該還沒腐爛吧。想到一只運動鞋竟然比一個人活得還久，感覺很奇怪。百年之後，這隻鞋可能是我在這個星球上短暫存在過的具體證據。我很滿意它是紅色的。

酸沼的防腐效果為泥炭採集帶來驚人的發現：丹麥的泥炭沼澤裡挖出幾具完美保存了兩千年的屍體。考古研究顯示這些是圖倫村民（Tollund）的遺體，這群鐵器時代的村民被稱作「沼地人」（Bog People）。祂們埋在沼澤裡並非意外，證據顯示這些人是因為農事獻祭而犧牲，用性命來祈求豐收。祂們的表情安詳得出人意表，其存在說明了生命必得透過死亡來啟動新生。

分解速度緩慢的副作用，就是生物裡的礦物質很難在沼澤裡被分解，會留在泥炭裡變成複雜的有機分子，大部分植物都吸收不來，這會導致嚴重缺乏養分，很多維管束植物沒辦法接受這種貧瘠的狀態，因此有辦法在沼澤裡發根的樹，往往都是黃黃又發育不良的樣子。尤其氮氣特別缺乏，但一些沼澤植物已經演化出特殊的機制來對應這種限制，也就是吃蟲。

沼澤是食蟲植物的專屬家園，像是毛氈苔、豬籠草、捕蠅草都長在泥炭苔軟墊上。這裡的鹿虻和蚊子很多，每一隻都是一小包飛行中的高純度動物氮。黏呼呼的捕捉器和精巧的瓶狀體演化成為植物捕氮的工具，由肉食性的葉子來取得根系無法提供的養分。

泥炭苔完完全全掌控了周圍的環境，不只製造出積水、缺乏養分的情境，保險起見還改變了酸鹼度。它酸化了生長的水域，讓其他植物無法生長。釋出的酸性物質讓泥炭苔可以將本就稀少的養分納為己用，沼澤邊緣的水，酸鹼值達到四點三，跟稀釋的醋差不多了。

酸度使得苔蘚帶有抗微生物的特性，酸性環境會抑制大部分細菌的生長，加上本身卓越

泥炭苔的單片葉片。

的吸收力，泥炭苔曾被當作繃帶廣為使用。第一次世界大戰的時候，埃及受戰事影響，棉花供應不足，無菌的泥炭苔就成為軍醫院裡最普遍的傷口敷料。

一株植物體內活著跟死掉的細胞比例是一比二十，完全不成比例，這也反映在整個沼澤的結構上。沼澤大部分都是死的、看不見的。泥炭苔沼澤由深處的死亡泥炭和表面的活苔這兩層構成，只有最上層淺淺的泥炭苔是活的，陽光照得到的綠色頭狀枝序和今年的新枝不過是泥炭苔整支長長組織的頂部，往下可延伸好幾公尺深入沼澤裡。活著的那一段，每年都會長高，離水面越來越遠；但下垂的枝條則向下越探越低，死掉的細胞從深處把水吸上來，輸送到活著的那一段。

再更下面是泥炭，也就是泥炭苔過去生長在最上層，如今卻部分腐爛的殘體。死去的苔蘚被水體和上方植物的重量越來越向下壓。這就是沼澤的地基，一

泥炭苔的叢枝。

塊巨大的海綿，留住水分，穩定向上，從不可見到可見。

泥炭為人類所用的歷史悠久，從古希臘的藥浴到今天的乙醇生產皆然。燒泥炭磚對許多北方民族來說是重要的熱能來源，緩慢燜燒的泥炭氣味滲入麥芽裡頭，賦予蘇格蘭威士忌秋天醇厚的滋味。單一麥芽蘇格蘭威士忌的獨特風味，據說是源於某一個特定沼澤的泥煤特性。全世界的泥炭地都被抽乾來種植像是萵苣和洋蔥這類蔬菜特產。

泥炭苔主要的商業應用是花園的土壤添加劑。我曾經有個位在洪氾區邊緣的小花園，那裡的土質很黏，差點就可以開間瓷器店。我添購了大包泥煤來耕土，有機物質的碎塊讓黏土顆粒保持分開，使土壤變輕。人們也在花園裡混入泥炭，利用那些死細胞的吸收力來增加土壤的保水度。它也是吸納養分的海綿，再將之慢慢釋放給植物。打開一包泥炭的時候，你會聞到沼澤的氣味。若把泥炭放在指尖上搓揉，就會令人想起它的過往，憶起它從何而來。如今見光的乾燥褐色纖維可是在沼澤的黑水下待了幾世紀那麼長。在那之前，它們曾經短暫是綠色的表面，當蚊子把蜻蜓從毛氈苔身邊引開之後，蜻蜓會下撲到這裡。商用泥炭土都是從抽乾的沼澤裡挖出來的，有的是自然造成，有的則是刻意的。我的花園跟我都是這個挖泥事業的共犯，這點讓我很難受。我比較喜歡腳趾縫隙間濕軟黏糊的沼澤。

赤腳是認識一座沼澤最好的辦法。雙腳會告訴你眼睛不知道的事情。乍看之下，像枕頭般軟綿綿的沼澤看似均質，但當你涉沼而過時，其複雜的構造就變得很明顯。這裡應該有多達十五種不同的泥炭苔，每個在外觀和生態機制上都有些細微差異。其實你不是真的走過沼澤，比較像近乎失控的踉蹌，用腳試探每個踏點，測看看踏出這一步時，沼澤能不能接住你，唯恐跟沼地人一樣變成歷史文物的一分子。

壺穴沼澤的植被常呈同心圓分布，開放水域邊那一圈最年輕，向老美洲落葉松下高起的圓丘增齡過去。這個格局是因為時間推移，還有泥炭苔發揮所長、轉變環境的結果。就在池塘邊緣，也是沼澤最年輕的部分長著此地獨有的泥炭苔，幾乎被高漲的酸水淹沒。看起來硬實的毯層只是錯覺，它漂浮著，垂掛在池邊，一隻牛蛙的重量就足以將它壓倒。

如果你小心地退離池邊，苔蘚叢變得越來越厚，因為層層累積而糾結密集。在夏日的陽光照射下，彷如腳下踏著溫暖的海綿。再浸下去深一點，你的腳趾頭會自己抓住沼澤灌木的水下根系，根系穿梭在泥炭苔叢底下，像是軟墊下繃緊的彈簧線圈。泥炭苔就座落在這張開闊墊子形成的框架上。有些種類的泥炭苔只會長在沼澤的這個區域，比較不會被水淹過，酸度也低一些。當灌木的根系繼續往池內生長，這幾類苔蘚也會跟著生長，最後把原本開放的水域閉鎖起來，藏在整片泥炭苔下面。

同心圓植被的下一圈是山丘區。這裡的彈性沒那麼好，因為泥炭堆積的深度比沼澤裡的還要深。走在這區的困難不只是會沉下去，還有不平的地勢。沼澤表面錯落的圓丘，上方植被有厚有薄。這時候你可能就會希望自己有穿鞋，泥炭苔層跟枯死的樹枝和灌木叢混在一起，藏在柔軟的苔蘚表面下，等著讓你去排隊注射一劑破傷風疫苗。圓丘是泥炭苔和灌木叢爭地盤產生的，灌木叢跟你的腳一樣，準備順著本身的重量沉到池底軟墊上，附近的泥炭苔見狀，向灌木叢低矮的樹枝抽出芽，吸走下方的水分，導致灌木變得更重、沉得更深，最後那些樹枝就被埋起來。這個循環不斷持續，灌木向上長，泥炭苔就把它往下壓，最後灌木叢和苔蘚堆積在沼澤軟墊上形成錐狀，高可達十八英寸。很多時候灌木已經死掉，但樹枝還埋在圓丘上。

從苔蘚的小尺度觀之，圓丘代表一整區域的微氣候，跟高山的海拔梯度類似。圓丘的底部淹在苔蘚層下方，又酸又濕，頂端則脫離水面，泥炭苔的特性會把水吸到圓丘的頂峰，不過頂端相對乾很多，也不那麼酸。不意外有很多種泥炭苔在這裡各據一方，創造出一個苔蘚千層蛋糕，每種都適應了圓丘斜坡從谷地到山峰的特殊微氣候。這些小範圍的微氣候和對應生長的泥炭苔對沼澤豐富的生態多樣性有很大的貢獻。

你如果把手放在圓丘頂部，夏天摸起來是暖和乾燥的；繼續讓手指往下探索，會發現變得越來越涼、越來越濕。若把整隻手臂沿著圓丘往下伸進泥炭裡，因為乾苔蘚造成的空氣滯留形成了很好的隔絕層，底部和表面的溫差可以多達五十度[29]。低溫也會減慢分解的速度。傳統上，住在沼澤針葉林的族群會將冷泥炭當成冰箱來冰存新鮮的獵物。我還在念大學的時候，我的一個教授艾德・凱區萊奇就拿這點來捉弄學生。我們在沼澤進行戶外教學，不但高溫難耐，又得不斷揮開撲到我們身上吸血享用溫熱大餐的鹿虻。他很淡定地跨步到一個圓丘上，往下伸手探進去，拉出一罐上次來訪就藏起來的冰啤酒。這一堂課可真難忘。

圓丘頂端通常都很乾燥，泥炭苔無法在那邊存活，所以其他苔蘚就會據地為王。這些高起的圓丘是樹木唯一可能生長的地方，因為樹根位在濕潤的泥炭上方。你會看到美洲落葉松和雲杉的幼苗長在圓丘上，有的突破重圍，就開始形成一片沼澤森林。另一群泥炭苔種類則在這些樹下長得茂盛繁榮，底下的泥炭又深又結實。

古生態學家可以透過這些厚實的泥炭沉澱物判讀土地的歷史。他們會把一個長型的閃亮

29 編按：原文並未註明溫度單位，推估原文敘述為華氏，換算成攝氏，溫度差異接近攝氏二十八度。

圓柱體滑進沼澤裡，切過各層尚未分解完全的植物，抽取出中心的泥炭。透過觀察現存的植物、留在上頭的花粉顆粒，還有有機物質的化學作用，古生態學家就能辨識出土地的改變。上千年前植被的變化、氣候的變化統統都記錄於此。他們會在代表我們時代的這一層、這個短暫片刻的表面上讀到什麼呢？這點你我都有責任。

我熱愛聆聽沼澤，蜻蜓翅膀摩擦如同紙張沙沙作響，青蛙的鳴唱像在彈撥班卓琴，莎草在微風吹拂下時而悉悉窣窣。某個炎炎夏日，你若安靜下來，便可以體驗我所認定世上最微小可辨的聲音——泥炭苔孢蒴「啵」的爆開聲。很難想像只有一公釐的孢子囊發出的聲音可以被聽見。泥炭苔的孢蒴，也就是短莖上的迷你小甕，會像玩具氣槍一樣爆開。太陽的熱度使得孢蒴裡頭的氣壓變大，直到頂蓋爆開，把孢子向上推出來。安靜的時候仔細聽，我覺得我聽見了水鼓的聲音。

沼澤湖給我的感覺很像水鼓的化身，泥炭苔軟墊開展在整個水體表面，給冰河刻劃成的花崗岩碗盛托著。泥炭苔是連接兩岸的生物膜，創造出地和天相遇之處，其水在抱。我靜靜地站在這座大地的鼓上，雙腳被漂浮的泥炭苔撐托住，在我移動重心時產生微小的波浪起伏。我開始跳舞，用最老掉牙的方式，腳跟、腳尖，慢板，每次腳步都在沼澤上綻開漣漪，湧回的浪又回應了我下一次的踏足。我的腳步成為沼澤表面的鼓聲，整個泥塘都融入律動之中。

下方柔軟的泥炭回應著我的腳步，重拍落下之後又彈回來。泥炭也在我的足下深處跳著舞，然後把它的能量送回表面。舞於泥炭苔之上，在泥炭表面雀躍歡喜，我感受到一股連結過往的力量，泥煤裡深埋著的回憶支撐著我。腳步的節拍召喚泥炭深處最遠古的回音。持續不斷的脈動節奏一一喚醒古老的事物，我一邊舞著，一邊可以聽見遙遠的歌，那是藥草棚屋裡的水鼓之歌，人們在廣袤的藍湖岸邊篩選野米時會唱，還混著潛鳥（loons）的聲音。像一團蒸氣從泥炭深埋的回憶裡冒出的是訣別曲，人們因為離開摯愛家園而哭嚎，在武力脅迫下來到乾旱的奧克拉荷馬州，被迫推向「死亡之路」[30]，那兒沒有潛鳥鳴唱。回溯，回溯，通過泥炭，回到他們歌聲昂揚的那個時候，回到聖瑪莉天主學校的修女教導印地安孩子雙面教義的時候。

我繼續舞著，透過泥炭傳遞我存在的訊息。我可以感覺到火車向東駛去時輪子轟隆隆的震動，載著我九歲的祖父去卡利索印第安學校（Carlisle Indian School），當時他們的舞曲節奏是「殺死印第安，拯救真人性」（Kill the Indian, Save the Man）。黑壓壓的泥炭，黑壓壓的時代，水鼓幾乎絕了聲響。回憶像泥炭，連結了逝去的人和活著的人。精神像水，從底部吸取上來，一點一點從水澤深處來到焦涸的地表，那裡曾有我祖父寄宿學校的營房，他撐了過來。他們沒有殺光印第安人。今天，我舞在泥炭的水鼓上，在有廣袤藍色湖泊的國家，有

30 譯註：Trail of Death，一八三八年，聯邦政府強迫波塔瓦托米族離開印第安那的家園往西遷徙，長途艱辛跋涉下，許多人在中途喪生，因此這趟遷徙路程被稱之「死亡之路」。

潛鳥鳴唱。舞著、舞著，雙腳透過泥炭的浪傳遞我存在的訊息，在一波波的回憶裡，它們也傳回訊息，告知它們的存在。我們還在。跟泥炭苔還活著的表面一樣，成堆厚積的深色泥炭上方，是陽光照得到的綠色植物層，個體轉瞬即逝，集體卻恆久流長。我們還在。

或許我的存在最好的證明就是那隻紅色運動鞋。繼往開來的這一刻，我敬仰先祖，也為後代鋪路。我們深深彼此牽動。當我們集合起來，跳著先人的舞步，就是在禮敬那份連結。當我們為了孩子來服務這片土地，我們就活出了泥炭苔的樣子。

15

尋找壺苔

噴射氣流劃過天際，像條泥濘的河從岸的一邊切過，到另一邊沉澱，帶來的沉積物都差不多。空氣傳播的種子和孢子順著氣流一起抵達，跟四處漂泊的蜘蛛作伴。每塊陸地都有許多大氣浮游生物，令人驚奇的不是地球竟然存在了這麼多種生物，而是每個地方竟然都不同。無論如何，每個漂流的孢子都會找到路回家。

悠遊世界的孢子雲在每個表面都布撒了苔蘚生存的機會。我曾經在開車經過紐約北邊時看到某種苔蘚，隔天早上在卡拉卡斯[31]的人行道縫隙裡又看到它，同樣的物種也長在南極前哨站的煤渣磚孔洞裡。並不是因為接近赤道，而是鋪面的單一化學性質適合落腳。

要定義特定苔蘚以何處為家，其劃分通常很嚴格。有些必須長在水裡，有的長在陸地上；附生的苔蘚只出現在樹枝上，但有的附生植物只長在糖楓上，有的只長在石灰岩上糖楓腐爛的孔洞裡。有隨遇而安的類型，隨便一塊空地都可以活；也有挑剔的類型，只愛高草草原上被囊鼠挖洞翻過的土。某些岩石型的苔蘚可以在花崗岩上活下來，有的非石灰岩不可，缺齒苔（*Mielichoferia*）只長在含銅的岩石上。

不過說到棲地，壺苔（*Splachnum*）肯定是最挑剔的，無苔蘚能出其右。壺苔不會長在其他苔蘚常出現的地方，只會生長在沼澤裡。不是在一般形成泥炭圓丘的泥炭苔上，也不是在沼澤的邊緣。大壺苔（*Splachnum ampullulaceum*）只會出現在沼澤的唯一一處，在鹿的排遺上，白尾鹿的排遺，落在泥炭上四週的白尾鹿的排遺，七月。

當我刻意尋尋覓覓，反而都找不到壺苔。苔蘚課快開始的前幾天，我會去阿第倫達克山脈中心的沼澤湖，希望找到一叢來秀給學生看。以前我曾在這裡找到過壺苔，但那是在尋找其他東西的過程中巧遇。我的腳踩壓著淤泥，釋放出輕微的硫氣。我找遍了整片泥炭，找到好些稀有的豬籠草、毛氈苔和蜘蛛網掛在沼澤月桂的樹梢。我發現許多鹿的排遺和土狼便便，但咖啡色糞球上空空如也，什麼都沒有。

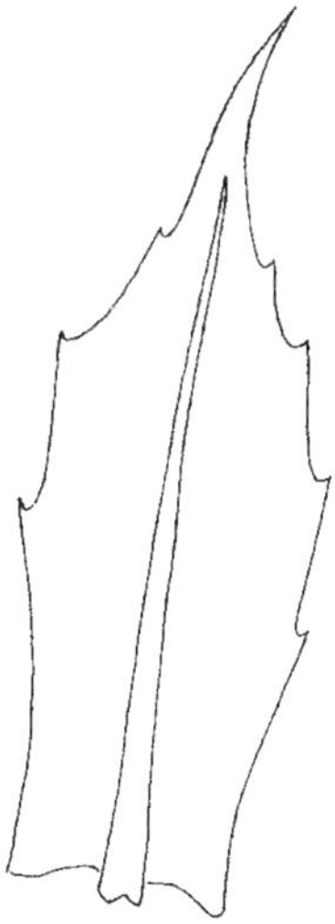

壺苔葉片。

31 譯註：Caracas，委內瑞拉首都。

雖然很難全員到齊，任一沼澤通常都住著至少三種不同的壺苔。大壺苔棲居在白尾鹿的排遺上，假如有隻狼或土狼跟著鹿的氣味進入沼澤，牠的排泄物就會被另一個物種黃壺苔（*S. luteum*）佔據。肉食動物和草食動物糞便的化學組成很不一樣，所支持的物種也不同。假如有一隻麋鹿闊步涉過沼澤，為此地貢獻了一些氮經濟，牠的糞便對其他種的壺苔也沒什麼用。麋鹿的排遺有自己的忠實粉絲。

壺苔家族裡頭有許多種類，每種都跟動物氮有關。并齒苔（*Tetraplodon*）和小壺苔（*Tayloria*）都會長在腐植質上，但主要還是居住在動物殘骸如骨頭和貓頭鷹的食繭[32]上。我某次發現了麋鹿的頭骨堆在挺立的松樹下，牠的下顎骨就長了成簇的并齒苔。

壺苔生長的環境條件需要天時地利，幾乎是可遇不可求。成熟的蔓越莓會吸引雌鹿到沼澤，牠站著吃草的同時，耳朵也警覺地豎起，睹上可能遇見土狼的風險。在牠停下來的這幾分鐘，新鮮的排泄物開始散發著熱氣。蹄印在泥炭上留下坑坑窪窪，裡面充滿水，在牠身後留下一條水窪之徑。這個排遺送出由阿摩尼亞分子和丁酸寫成的邀請函，甲蟲和蜜蜂渾然不察這個信號，繼續牠們的工作，整個沼澤只有蒼蠅不再亂飛，也不抖動觸鬚四處探索，牠們聚集在新鮮的排遺上，舔食著糞球表面正要形成結晶的鹹鹹液體。有孕在身的雌蒼蠅探測著糞便，把亮亮的白卵植入還溫熱的糞球裡。牠們腳上的剛毛留著當日在糞便上覓食的殘跡，腳印順帶就傳播了壺苔的孢子。

孢子很快就會在濕的排遺上發芽，把整個糞球包在綠色細線形成的網裡。速度最重要。它成長的速度必須比排遺腐化的速度快，否則苔蘚將會無處立足。糞便裡的養分會加快苔蘚的成長，幾個禮拜後糞便就會被藏在整叢壺苔下面。跟其他植物一樣，苔蘚也必須抉擇是要把能量分配給生長還是繁殖。投資在長遠的莖葉可望在未來得到好處，讓植物本身能夠在競

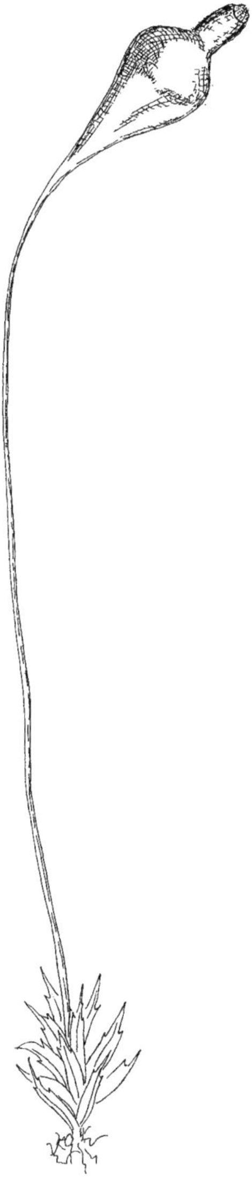

壺苔。

32 譯註：owl pellets，貓頭鷹沒有牙齒，進食的時候會用堅硬的鳥喙撕裂獵物，大塊吞食。獵物的軟體組織將會在體內反芻消化，無法消化的硬體部位如骨頭跟羽毛，則被聚成團塊排出體外，稱為食繭。

爭者中脫穎而出，在群體裡保持優勢；繁殖就先放一邊，畢竟有限的精力得用在生長上。這樣的策略在狀態穩定的棲地奏效，可以延長繁殖的機會，因為棲地存在得比苔蘚還久。但若是短暫的棲地，植物最好是將能量投注在移動能力，卡在一個消失中的棲地絕對會面臨滅絕的危機。植物必須趕快產生一批能被風帶走的孢子，在舊棲地惡化以前，趕快讓孢子傳播到新的棲地。壺苔只是一個過客，快速佔據一個糞堆，在它漸漸腐敗後再跳到下一個。

動身有多急迫取決於成長中的壺苔群落。相較於其他苔蘚的成長速度如蝸牛般遲緩而馳名，壺苔的孢子體似乎能夠一夜出現。孢蒴在葉片上方快速萌發，每個都長在抬高的莖部頂端。沒有其他苔蘚會如此大肆恣意繁殖。在其他植物的粉紅色和黃色陰影下，孢蒴矗立在葉子上方，順著微風擺動，膨脹到爆開的時候，會釋出一團黏呼呼的彩色孢子。越來越多小型苔蘚仰賴風來傳播子代，風也不必太過費心吸引客戶。既然壺苔只能長在排泄物上，別無其他選擇，單靠風來傳播也不太可靠。孢子若要脫逃，就得有其他的移動辦法，還要明確知道可以降生在哪裡。在沼澤一片單調的綠色裡，蒼蠅被壺苔的棉花糖色吸引，誤把它們當作是花，在苔蘚裡翻找不存在的花蜜時，蒼蠅身上也沾滿了黏黏的孢子。當鹿的排遺氣味跟著微風來到，蒼蠅就會跟著找來，在散著熱氣的糞便上留下沾染過壺苔的足跡。於是某個露水晶瑩的早晨，我在沼澤裡採藍莓時，就有一束壺苔不期而至，出現在我的腳下。

16

想要擁有自然的人

這封信沒有附上寄件人地址。一個不知名的人找上我，提出一個令我無法抗拒的邀約：這封寫在白色厚紙上的信，請求我「以植物學家的專業，為一個生態系統復育計畫提供諮詢服務」。聽起來很讚。

目標是要「在原生植物花園打造阿帕拉契山脈的植物相」，這名業主「注重真實性，希望確保苔蘚也包含在復育計畫裡」。他還希望「了解什麼樣的苔蘚會對應到地景裡的哪種岩石」。若接受這份盛情邀約，這就會是我的任務了。這封信沒有署名，只有花園的名稱。我把信重讀了一次，一切聽起來都好得太不可思議了！很少有人對生態復育有興趣，更別說苔蘚的復育了。當時我的其中一個研究方向是想知道苔蘚如何在裸露的岩石上建立家園，這個邀約聽來是個天作之合。我對計畫很感興趣，而且身為一個菜鳥教授，我得說可以發揮自己的專業還拿到諮詢費，實在倍感榮幸。這封信感覺有點急迫，所以我打算盡快動身。

* * *

我把車停在路邊，攤開副駕駛座上的路線指引。資料上說一定要準時，我很努力配合。天一亮我就開著車往這個景色優美的山谷出發，藍知更鳥順著彎彎曲曲的道路上下俯衝，飛進綠得不可思議的六月原野。一塊大石頭滾到路邊，我在車上都禁不住讚嘆它畢生累積的苔蘚外衣。一路往南，人們把這些石頭圍牆稱為「奴籬」，紀念那一雙雙砌石造牆的辛勞雙手。牆上的百年青苔柔軟了圍牆的稜角，也柔和了那段記憶。路線指引要我跟著石牆，直到看到網狀籬笆，「向左轉進大門，大門會在十點開啟。」確實，我到的時候，那道巨大的門已經被捲到一邊，這必定是某個人的安排。山谷裡竟然有個保全如此嚴密的地方，總覺得這裡應該出現的是馬車而不是電眼。

我開上陡坡，碎石在輪胎下嘎吱作響。還有四分鐘。在轉彎處，有一大片揚起的煙塵襯著背後的藍色天空，緩緩爬上前方的山坡，我肯定要遲到了。吃力地攀上之字形路後，我終於瞥見自己剛才跟著什麼。我的腦袋拒絕接受眼前的景象。樹理應不會動，但它又出現了——是山腰上一路看到的樹新生的嫩枝，而且它正在上坡！現在我看清楚了，是一棵橡樹躺在平板卡車上，它可不是一般根球包著粗麻布套的標準尺寸，不，這是一棵雄偉的祖父級橡樹。我們在肯塔基的農場有一棵巨大的大果櫟，要兩個人才有辦法環抱，它低矮開展的枝條創造的樹蔭像房子那麼大。這種高度的樹要搬動是不可能的。但現在眼前就有一棵——綁在卡車上，像在遊行花車上的馬戲團大象。它的根球有二十英尺寬，用鋼索栓在車上。卡車靠邊停下，我經過時，直盯著它下方的引擎罩冒出蒸氣。

這條路盡頭的空地上滿是工程車，引擎都還在運轉，地上充滿輪胎痕，四周是一堆穀倉和門戶大開的倉庫。我把車停在一排灰撲撲的吉普車旁邊，環顧尋邀我來的東道主。這裡很多人來來去去，瘋狂的腳步讓我想到受驚的蟻塚。滿載的卡車快速地駛離，大部分的工人都黝黑瘦小，穿著藍色連身服，用西班牙文彼此對話。一個身穿紅襯衫、頭戴白色工人帽的人站出來，胸前交疊的手臂顯示他正在等我，而且我遲到了。

開場很簡短。他看看錶，表示老闆很審慎管控向專家諮詢的時間。畢竟時間就是金錢。他從腰帶取下無線電，向某個高層通知我已經抵達。我被交給一位突然從穀倉辦公室冒出頭的年輕人，他靦腆的微笑和溫暖的握手像是在為方才唐突的迎接道歉，而且似乎急著要把我護送離開工作區域。他是麥特，剛從大學園藝系畢業，在這個花園工作第二年了，是他向老闆提議邀請一位苔蘚專家來協助他被指派的龐大苔蘚復育工作。麥特知道這部分工作在規劃花園時很受關注，顯然這位老闆特別喜愛苔蘚，所以成功勢在必行，壓力不小。他希望所種的植物是正確的，而且打算把苔蘚運用在整體地景上，讓花園看起來不那麼新。麥特大步向前，我跟著他走上剛鋪好的人行道，穿過工地。他要我先看看苔蘚花園。我們可以直接從房子裡穿過去，因為老闆剛好不在。

這棟嶄新的房子外表看起來像是一棟有歷史的莊園宅第，四周環繞的大樹才剛種進土裡：鵝掌楸、七葉樹，還有一棵多瘤的無花果，每棵都用拉線和黑橡膠管穿過樹冠被固定住。我在路上遇到的橡樹才剛到，就已經有一個洞挖好在那等著了——橡樹會矗立在一堵有玻璃花窗的牆外。「我不知道可以買到那麼大的樹欸。」我說。「買不到，」麥特回答，「我們得先買地，然後把它們挖起來。我們有世界上最大的挖樹機。」他看著我驚恐的表情，一會後就把視線移開，難為情地抓抓手，然後又恢復了專業的神態。「這一株是肯塔基來的。」他解釋為了減少移植障礙（transplant shock），每棵樹都有上化學藥劑，樹冠層上還安裝滴灌系統，設定定時器後，就會噴灑養料和荷爾蒙來刺激根系生長。這個花園有一群專業的樹藝師，目前他們都還沒有折損任何一棵樹。這棟房子周圍的樹海都是移植而來，巨大的挖樹機把樹木從原本的土地裡挖起，用卡車載到這裡來復育生態。

麥特刷卡解除保全系統，我們走進開了空調的暗室。這個側邊通道是非洲藝術的數位藝廊，牆上陳列著雕刻面具和幾何編織；牛皮鼓、木笛被安放在石頭的底座上。我停下來端詳，「這些都是真品，」麥特驕傲地告訴我。「他是一個收藏家。」他退到一邊讓我看個仔細，我的訝異讓他非常得意。每個物件都標註著來源地和藝術家的名字。這個展示令人過目難忘。中庭裡精心裝設的展燈打在一個巧奪天工的頭飾上，上頭精細的蜜蜂和花是由光潔的象牙雕刻而成，在天鵝絨檯座上顯得非常不搭調，比較像是偷來的寶物，不像一件藝術作品。它若被戴在藝術家妻子烏黑亮麗的秀髮上，不是應該美多了嗎？而且比較接地氣。在展示箱裡，任何東西都變得像複製品，如藝廊牆面上掛著的鼓。鼓只有在人的手遇上木頭和獸皮的時候才會活靈活現，唯有那樣才算達成它們的使命。

我倆經過一間挑高、內有游泳池的房間，我完全驚呆了。這個房間裝飾著手工花磚和鬱

尖葉提燈苔。

鬱蔥蔥的熱帶植物，大理石地板亮晶晶，池水汩汩流淌。我彷彿置身某個電影場景，休閒椅散在泳池周圍，厚毛巾已為客人折疊整齊，庭院桌上的高腳杯跟毛巾一樣都是紅寶石色。「老闆這禮拜就會回來。」麥特邊說邊朝著這些成果比劃。我們終於到了廚房，我喝了裝在紙杯裡的水。

整個房子正中央的花園是麥特的首要顧念。他穿過自己打造出來的成片綠意走到稍微高處，那裡有各式各樣的熱帶植物：天堂鳥、蘭花、樹蕨。石板路鋪上了一層提燈苔（*Mnium*）地毯，成排輕軟的綠色像日式庭園的苔蘚草地般滑順。要讓這些苔蘚活下來應該不容易，三不五時就得回到森林裡找更多苔蘚來填補。我們談到水化學和土壤狀況，他一邊在筆記本上塗塗寫寫。我終於覺得自己有點用處，可以針對花園環境給點苔蘚種類的建議，好讓它們可以適地生長。我提醒他注意野外採集的倫理，森林不該是花園的育嬰房，他的花園要能夠自給自足才算是成功。花園的正中央是一尊比我們都高的石雕，上面布滿美麗的苔蘚，一叢叢精心搭配的苔蘚更加突顯了大石頭凹凸有致。岩石上風化的孔洞長著一圈真苔（*Bryum*），其藝術性遠遠超過藝廊裡任何一件作品，不過卻顯得格格不入，這件藏品究竟只是自然的假象。棉苔（*Plagiothecium*）無法像真苔一樣長在縫隙裡，砂苔（*Racomitrium*）跟牛舌苔（*Anomodon*）彼此水火不容，儘管它們的顏色襯起來很美。這尊石雕好看歸好看，但畢竟是人造物，究竟如何通過這位老闆對真實性的要求？苔蘚從活生生的生命變成純粹的藝術素材，大錯特錯啊。「你怎麼讓它們長成這樣的？」我問道，「這實在太……稀奇。」我拐彎抹角地說。麥特像鬥智贏過老師的孩子般笑了笑，回說：「強力膠。」

要打造苔蘚花園不是件容易的事，他們做到這樣讓我很訝異。但所有這些卡車和工人投入打造的生態復育在哪裡呢？最後我們走到室外，那裡沒有原生植物花園，只有一個興建中的高爾夫球場雛形，光禿禿的地上捲起一片塵土。車道沿線鋪著厚厚的石板，期盼草早日長出來。這些石頭是美麗又巨大的雲母片岩，岩床在春日的陽光下如金子般閃閃發光。高爾夫球場裡挖了個排水池，四周圍牆所用的石頭是最近才從階梯上拆下來的。

麥特領我走上石牆的頂端向外眺望。挖土機刮來鏟去，準備把土地變成理想中的模樣。麥特解釋老闆不喜歡水池周圍有裸岩，看起來像是剛被炸過，事實上的確如此。業主希望我告訴他們怎麼讓苔蘚長滿整座石牆。「石牆是高爾夫球場的背景，老闆希望看起來有點歷史。」麥特解釋。「像歷史悠久的英國球場一樣。老闆想讓它看起來有點年代，所以得種些苔蘚。」但球場面積太大，強力膠行不通。

只有很少數的苔蘚種類可以定殖（colonization）在酸性岩石的粗糙表面，而且沒有任何一種長得好。大部分都是從已經適應艱困環境的脆薄黑色結皮長出來的，甚至打高爾夫球的人經過也不會注意到。生長在陽光充足處的苔蘚，其黑色部分來自花青素色素，保護它們免於紫外線的傷害，喜愛長在陰涼處的苔蘚就比較不會受到紫外線影響。我解釋苔蘚的生長高度仰賴水分供應，光禿禿的岩石根本沒有這樣的條件。倘若缺少濕氣，苔蘚即使經過百年也只會長出黑色的結皮。「噢，那沒問題，」麥特回答，「我們可以安裝一個灑水系統，有必要的話也可以在上面弄個瀑布。」顯然錢不是問題。但錢不是岩石真正需要的東西，而是時間。「時間就是金錢」的公式倒過來並不管用。

我試著委婉地回答，即使有灑水系統，這位老闆所期待的綠絨地毯也要花上好幾個世代才能長成。事實上，生長本身不是真正的問題。苔蘚生長的關鍵因素在群落出現時就決定了。我一直費心琢磨苔蘚究竟如何決定要待在哪一塊岩石上，我們知道它們「如何」長，但「為什麼」長在這卻鮮為人知。隨風傳播的孢子比粉末還小，必須在對的微氣候條件下才會發芽。裸岩不適合苔蘚生長。石頭的表面必須經過風和水的風化作用，然後被地衣結皮給酸蝕，孢子接著形成綠色的細絲「原絲體」，緊緊附著在岩石上。它們要是活下來，接著會抽芽長成葉狀枝。經過一次又一次實驗，我們發現單一孢子產生一株苔蘚芽的機率微乎其微，不過倘若環境條件適合、時間夠長，苔蘚會慢慢包覆岩石，像是古老的砌石奴籬。所以要打造一個苔蘚群落可是不小的壯舉，我還真不知道這種神祕又奇特的現象是怎麼誕生出來的。即便我很想當個有辦法解決問題的專家，我也還是得宣布個壞消息：辦不到。

我們每換一個地點，麥特就要用無線電回報。到底誰會在意我們在哪裡啊？我們往上回到屋舍前，卡車載來的大石頭正在此處卸貨，「之後這裡會蓋露台。」麥特說：「老闆希望石頭上可以長滿苔蘚。上面會有遮蔭，你覺得這裡種得起來嗎？如果有裝灑水系統的話？」麥特鍥而不捨追問，大橡樹都可以被移植，為何苔蘚不行？不能直接把岩石上的苔蘚移植過來嗎？如果遮蔭、水和溫度都有了，它們會活嗎？一樣，答案依然不是老闆想聽到的。

你可能會以為，既然苔蘚沒有根系，要把它們移植到新家很簡單。平時我可以隨心所欲像移動家具那樣調整花園裡的植物，但苔蘚跟我的萬年花床上的植物不一樣。一些長在土裡的苔蘚像是金髮苔可以像草皮一樣移植，但長在岩石上的苔蘚則極度抗拒馴化。就算再怎麼悉心照料，要把苔蘚從一顆石頭移植到另一顆石頭都註定是一場空。可能是遷移會撕斷肉眼看不到的假根或壓壞了細胞，也可能是我們雖然有樣學樣想要仿製棲地，卻始終缺少關鍵性的細節。事實上我們也不太清楚為什麼，但它們幾乎就是一定會死，我在想是不是因為思鄉。苔蘚對原生地的強烈依戀，現代人應該不太能夠理解。它們在哪裡生，就要在哪裡長，其命運仰賴前幾代的地衣和苔蘚，是這些前輩把石頭變成家。孢子最初落腳在這裡，就已經做了選擇要忠於此地。搬家不適合它們。

「那，種苔蘚呢？」麥特滿懷希望地問。這是他第一份工作，老闆要求很多，工作內容難如登天。我實在不想讓他失望，也或許是想要挽救他對我這個「專家」的信心。

目前學理上沒有在岩石上種植苔蘚的好方法，但園丁之間曾流傳一種苔蘚魔法，應該值得一試吧。園藝愛好者一直想方設法企圖加快苔蘚在岩壁上的生長速度，讓原本光禿禿的岩石形成生苔的歷史感。我聽過反覆用酸潑灑岩壁，理論上酸會溶蝕岩石的表面，產生小孔，如此苔蘚就能落腳。這個方法是仿效地衣酸緩對岩壁的緩慢侵蝕。有的園丁便咒罵邊把馬糞潑到岩石上，一開始惡臭薰天，但苔蘚似乎很快跟著長出來。大家最推薦的方法比較衛生一點，是苔蘚奶昔（moss milkshake），作法如下：從森林裡同類的岩石上採集特定種類的苔蘚，務必只取跟你家花園有相似生長環境的苔蘚：同樣的石頭、光線和濕度。不得取巧，苔蘚會分辨得出差異。接著苔蘚會被放進攪拌器，加上一夸脫的酪奶，嗡嗡打成綠色的泡沫。把這

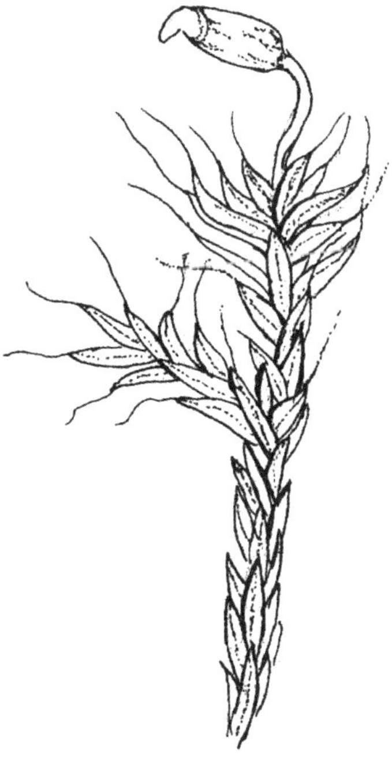

紫萼苔新芽，
常見棲居於岩石的苔蘚物種。

個混合物塗在岩石上之後，據說會在一兩年內長出一層苔蘚。這食譜還有很多變化，有的加優酪乳、蛋白、啤酒酵母或其他家裡常見的東西，照理說，這些東西加在一起應該就能搞出點名堂。苔蘚確實能從斷裂的莖葉再生，環境條件許可的時候，一個碎塊會長出原絲體，定著在新的基質上，讓微小的枝芽長出來。苔蘚在自然中以此種方式繁殖，所以也許攪拌器對促進生長有幫助。許多苔蘚都喜歡酸性的棲地，酪奶或許可以提供這種環境，至少撐到下一場雨來到之前。

既然麥特努力要抓住最後一根稻草，我答應他會把苔蘚奶昔的作法寫出來，但也不忘提醒他，我對任何速成養成苔蘚的方法沒什麼信心。

我們到新露台走走，隨意聊聊。路上有個岩石鋪成的花床，裡頭滿滿本地的春天野花：延齡草、桔梗和一整叢拖鞋蘭的葉子。每種都是保育類物種。這就是他們所稱的生態復育嗎？一個花床？我問這些植物是從哪來的，被回以一個「與你何干」的眼神，我很確定這裡所有植物都是從苗圃移植過來的。沒錯，每株植物身上都有個標籤。沒有一株來自野地，他強調。

一整天下來，麥特雖然努力表現得守口如瓶，他本質裡的從容和開朗卻漸漸無法隱藏。他讓我想起我的學生，急切著想要投入世界創造改變。這是他的第一份工作，是個好到讓人難以置信的機會，工作本身很有發揮空間，薪水也遠遠超過菜鳥新人的水平。在這裡待了一年多後，他開始質疑這裡的運作，考慮離開，但老闆說如果他留下，就要讓他升遷。麥特才剛買下一間理想的小屋，孩子也快要出生，所以他答應待下來。

戴著白色工人帽的人再度出現時，麥特收起臉上的表情，像要處理什麼似的大步越過工地，對著無線電說話。我跟在他後面，希望自己看起來像是個忙碌的專家。「時間就是金錢。」他的聲音迴盪在我腦海。我們走向院子向外放射的其中一條路。

當建築物消失在我倆目光裡的時候，麥特再次回頭，腳步慢了下來。「您介意我們穿過這片空地嗎？」他問。我們離開路徑，鑽進樹林裡，才走幾步，原本瀰漫著的柴油味被春天樹林的氣息沖散了。

在樹林的掩護之下，他放鬆地咧嘴笑開，朝我使了個眼神便關掉無線電，把帽子塞進後方口袋。我們突然變得像翹課去釣魚的小孩。「不會很遠，」他說，「我想讓您看看這裡的苔蘚長什麼樣子。也許您可以告訴我它們適不適合種在露台上。我打算試試看剛說的奶昔那一招。」他領我越過整片野地進入橡樹林，森林的地上散落著許多岩石，我停下來觀察上面的苔蘚。麥特有點不耐煩，「別管這些，好東西還在後頭。」他說得對。

在岩石山脊的頂部，地勢陡降成下方的幽谷。我們沿著脊部的大片岩層往下攀爬，小心翼翼不要磨到成片的苔蘚。阿帕拉契山的岩床乃是受到萬古以來的地層壓力給褶皺、扭曲，接著歷經冰河作用而形成，岩石碎裂為各種奇奇怪怪的角度，彷彿一張苔蘚地景的立體派畫作。岩石表面被時間刻蝕成裂縫，像是老人家臉上的皺紋。木靈苔（*Orthotrichum*）的黑色蹤跡出現在石頭的裂隙裡，厚實的青苔則分布在岩石突出又潮濕的地方。我可以猜到麥特想在花園裡用強力膠的靈感是從這裡來的。這片苔蘚織錦美得令人屏息。麥特信手捻來岩層每個角落和縫隙裡有什麼，讓我懷疑他是不是常翹班來這裡。「老闆就是希望露台可以變成這個樣子。」他說，「我帶他來過一次，他愛死了。我得想辦法讓房子的苔蘚長成這樣。」不知怎地，我覺得自己沒有把問題說得夠清楚，於是再一次解釋時間跟苔蘚的關係：岩層上的苔蘚床可能已經有好幾百年了，假如能夠完全複製這裡的微氣候，然後把同樣的物種種進苔蘚奶昔裡，或許還有機會，但就算是那樣也得花上好多年。麥特把這一切都筆記下來。

我們走回道路上，看看手錶，預定的諮詢時間已經結束。麥特透露說老闆是個鐵公雞，面對外人尤其必須嚴守時程。工人爬上卡車，準備被載回大門，因為大門五點就要上鎖了。麥特站在車子旁，告訴我老闆希望在三天內收到報告。離開之前我實在很想發問，因為都沒有人提到他的名字。「老闆是誰？是誰提出這整個構想的？」他閃避我的目光，老練地答道：「我實在無可奉告。只能說他是個大富翁。」

這我也猜得到。

把車開向大門時，我掃視整個場景，希望找到有哪些生態復育的跡象是從前不曾看過的。但所見盡是房子和高爾夫球場。一切都太不真實了。這個人呼風喚雨匯聚了這麼多資源來打造一個花園，我卻完全無從得知他究竟是何方神聖。難道他是個謹言慎行的慈善家，還是惡名昭彰所以得隱藏身分？

無線電通報我即將離開。當我抵達這個莊園的邊界，大門打開，又在我背後流暢地闔上。

* * *

回到辦公室後，我寫了個無傷大雅的小報告，試著教育那位大老闆：他要求的成果幾乎是不可能達成的。就算擁有全世界的金錢，也沒辦法讓苔蘚在岩石上長得快一點。真正需要的是時間。我附上我們有看到的物種清單、它們的環境需求，以及為苔蘚花園物色適合種類的指南。作為一個負責任的學者，我建議他們如果真的想要在石頭上種苔蘚，應該考慮支持一個合作型研究計畫。還加上了奶昔的食譜，酪奶跟馬糞兩種配方——誰知道呢？

幾週後我收到一張支票。事實上我不太滿意這項成果，原本以為是植被復育的教育計畫，變成像是一個熱愛苔蘚又有控制狂的有錢人為新家造園來避稅的可疑舉動。那裡的復育工作理應可以進行得不錯，畢竟卡車上的人為此忙裡忙外。但我卻什麼都沒看到。

所以，我很驚訝麥特在一年之後又打電話來，問我可不可以再去幫忙。他說他們進展順利，想要讓我看看花園的變化。我抵達時，不見麥特蹤影。一個輕快活潑的女子被派來陪同我逛花園，我問起麥特，她說他被分派到另一個計畫，應該是杜鵑花園。她很快把我帶到屋子裡，「大老闆希望您看看露台上的苔蘚。上個月才完工的。」

這轉變太神奇了！只過了十二個月，此地變得彷如已過了百年歷史。肯塔基的橡樹看起來像在這裡土生土長，原本的工地瓦礫如今覆滿綠色草坪。去年春天看到一堆堆的裸露岩石，變身為仿阿帕拉契山脊的原生植物群。枝幹曲折的火焰杜鵑花在深色岩石上形成林蔭，石頭被巧妙堆疊，好讓剛松從縫隙深處長出來。一叢叢歐洲蕨和楊梅長在路旁，通往一堆因風吹日曬而褪色的花園椅，看起來還真的有點年代。讓我訝異的是，每塊岩石上都包覆著一層美麗厚實的苔蘚地毯，種類完全正確。青苔覆蓋岩石的頂部，虎尾苔（*Hedwigia*）沿著邊緣一路向下，木靈苔聰明地盤據岩石受蝕刻的脊部，像是古老羊皮紙上寫著黑色書法。一切美極了！每個細節都如此完美，而這裡不過才落成兩個禮拜。如果這是苔蘚奶昔的成果，那我真該為它們平反了。

陪同我的女子對於我熱烈稱讚花園沒什麼反應，她得遵照行程，趕快把我送到房子另一端的露台。一大片美麗的石板鋪在移植來的樹下。「大老闆想知道要怎麼除掉石頭之間長出來的青苔。」她說，筆尖落在筆記本上，等待我的回答。但我沒有答案。這裡一切努力都是希望苔蘚在特定位置生長，但苔蘚自主出現的地方，他卻想要消滅。

我們又走回運土機進進出出的整備區。對講機發出刺耳聲音，穿著制服的人來來去去，還帶著一種緊張感，讓這裡彷彿正在進行軍事操演。頭戴安全帽的中士在吉普車上逡巡，而帶著鏟子和整枝鋸的瓜地馬拉步兵在大老闆一聲令下後被整車載走。

我也匆忙上了吉普車，我們在顛簸的新路上一路彈跳，一路切進橡樹林。有位司機被派來開車，但他沿路沒說明我們究竟是要去哪裡。我思忖到底會不會見到麥特。司機對著對講機大叫說我們快到了。這條替代道路的盡頭是一片林間空地，停著一台鮮黃色的起重機。空棧板堆放在陽光下，陰影邊緣有些包裹著粗麻布和大綑麻繩的神祕物體，像是準備被掀開的雕像。一群肌肉男站在林子裡，彼此的安全帽靠在一起正商討著什麼。其中一人走來，熱情介紹自己叫作彼得，是一位專精天然岩石的設計師。他很開心見到我，因為他們正需要一些建議，才能進入下一個步驟。彼得來自愛爾蘭，說起話來有種特別的抑揚頓挫。大老闆為了這個任務特地把他請過來。他擔心他們的作法會傷到苔蘚，問我可否去看一看。我們加入那一群肌肉男，他們細細打量眼前來人，這位苔蘚小姐。

這些人是精準爆破小組，是一群從義大利過來負責開鑿石頭的石匠，他們正仔細審視眼前一塊覆滿苔蘚的嶙峋大石。我立刻認出此處是麥特前一年曾帶我來過的美麗幽谷，現在有一半已經不見了。他們工作很認真。岩石設計師彼得會選擇懸崖最漂亮的部分，也就是有石英脈經過片岩還有苔蘚位置最適合的地方。接著石匠會仔細計算要放置精準炸藥包的位置，好炸開峭壁面，然後一些人就會用起重機吊起石頭放在棧板上，用濕的粗麻布把它包起來，好保護珍貴的苔蘚。我突然明白了，露台上那些優雅的岩石跟奶昔招式根本沒有關係。我感覺到手被滲出的汗弄得黏糊糊的。

他們問了好多問題。應該在爆破之前就先把石頭包起來嗎？彼得有選對地方嗎——這幾種苔蘚禁得起移動嗎？苔蘚可以被包住多久？我可以跟彼得一起建議在哪裡放每顆石頭對苔蘚最好嗎？大老闆很不滿苔蘚被放進造景後就失去了活力。取出單顆石頭的費用很貴，他不想要浪費任何一顆。這群人把我當作團隊的新成員，受雇來做這件事。我逐一掃視他們的表情，看有沒有人面露難色，不過一個個都迫不及待要完成工作的樣子。我呆掉了，覺得自己變成大老闆的槍手。我從沒想過自己的建議會被用成這樣，我的顧問工作無意間竟造就了破壞。

這群工人把被「偷」出來的苔蘚照顧得無微不至，而且真心在乎苔蘚的狀況。他們幫苔蘚澆過水後，再用粗麻布裹住準備移動。我說怎樣可以幫助苔蘚活下來，他們就照做。離開家園之後，苔蘚似乎就變得病懨懨的，原本的翠綠色開始轉黃。假如苔蘚注定會死，大老闆就不想浪費錢移動石頭。所以他們設置了一個檢傷分類區來照顧有機會恢復健康的苔蘚，一方面也淘汰掉救不了的。通往房子的路邊草地上設了一個白色大帳篷，如同世界各地照料傷者的戰地醫院。遮陽簾都放下來，好維持帳篷內的濕度，還噴水霧。不惜重本。棧板上放著因爆破而支離破碎的岩石，還有岩石上虛弱的苔蘚。

我的工作是要診斷跟開處方：哪些可以被移植回屋子裡、哪些應該放棄？我想到那些在海邊接應奴隸船的醫生，他們逐一檢查船上被當成貨品的人，挑出最健康的來買賣，也就是最有可能在異地裡存活下來的人。哪種作法比較不邪惡？被賣為奴還是任其衰亡？我在那些七零八落的石頭之間走來走去，跟石頭一樣失落又無助。我想對著這群人大吼要他們停止，但太遲了，我也是這一切的共犯。我不記得自己說了什麼，但願我有說要全都救下來。

我想見見這位大老闆，當面質問他為何如此出賣我們，但他神龍見首不見尾。這傢伙到底是誰？他摧毀整個野外岩層上的翠綠苔蘚，用來裝飾自己的花園，希望創造古老的假象。這傢伙買下時間也買下我，他到底是誰？大老闆。他憑什麼都不現身，以致沒人叫得出他的名字？

我試著要理解擁有一件事物是什麼意思，尤其是野外活生生的東西。有權力主宰其他生命嗎？可以隨心所欲處置？還是不要讓別人使用？所有權似乎是人類獨有的行為，一種准許無目的持有和控制行為的社會契約。

因為傲慢而摧毀一個野外生物，似乎是征服能力的展現。野生事物一旦被捉起來，就不再是野生的了。其本質在它從原生地脫離的時候就已經消失。透過擁有的舉動，事物變成了一個物品，不再是它本身了。

炸開懸崖來竊取苔蘚是種罪，但並不違法，因為他「擁有」這些岩石。或許稱這個挾持行為為蓄意破壞比較貼切。不過，這個人卻找了一隊專家來小心包裝生了苔蘚的石頭。大老闆是個苔蘚愛好者。他也玩弄權力於股掌之間。我不懷疑他想要保護苔蘚免於傷害的誠意，只是苔蘚得服膺於他的景觀愛好。但我認為人無法同時擁有一個東西，又愛那個東西。擁有會削弱事物本身的主權，讓持有者變得豐富，讓被持有者變得缺乏。假如他真心愛苔蘚而非想要控制，他就會讓它們留在原地，每天走到那裡去探望它們。芭芭拉．金索夫[33]寫道：「最無私的愛才能把事做對，知道我們珍愛何物，並保護它能在你我掌控的臂彎之外盛放。」

當大老闆望著他的花園，不知道他會看到什麼。也許他完全看不見其中的生命，只有一件件藝術作品，就像藝廊裡沉默的鼓一樣了無生氣。我想他不會明白苔蘚的內在，即便他重視真實勝過一切。他願意花大筆金錢把真正的苔蘚帶到家門前，讓往來賓客盛讚他的眼光。但他擁有這些苔蘚的瞬間，苔蘚的本性就消失了。並不是苔蘚自己選擇成為他的夥伴，它們是被擄來的。

我帶著一種不願服從遊戲規則的冷淡態度被載回整備區，困倦地走向我的車，這時我看到麥特正要爬上卡車。他依然很友善，說他現在被分配到另一個計畫，苔蘚不再由他負責。他臉上的表情開朗堅定。但他知道我在意什麼，說想要再帶我看一樣東西。麥特正要回家，此刻不再受大老闆管控。我倆爬上他破舊的小卡車，他關掉無線電，止住了無線電發出的無度需求。我們聊起他剛出生的女兒跟杜鵑花，沒提到露台花園。他載我穿過森林，抵達莊園的另一角，四線的電圍籬標記出莊園邊界，用來阻擋鹿跟其他闖入者。圍籬下整片草地都施用了「年年春」[34]，所有的植物都被殺光，蕨類、野花、灌木和樹在十呎內被剷除殆盡。植物全死光了，除了苔蘚。因為苔蘚對化學物質免疫，於是成為了山大王，各群落聯手織成一大片上千種色調的綠。這才是大老闆真正想要的苔蘚花園，在他的房子一英里外的電圍籬下，在下過一場除草劑雨之後。

33 譯註：Barbara Kingsolver，美國當代著名小說家、散文作家、詩人，也是人權行動主義者。

34 譯註：Roundup，美國農業生技大廠孟山都生產的除草劑，因被控含有罹癌成分而備受批評。

17

森林向苔蘚說謝謝

馬里斯峰（Marys Peak）被強風吹拂得靜悄悄的，看得出來曾經歷一場搏鬥。山勢迤邐向海，七十英里外波光粼粼，散落著零星的岩石碎塊。塊塊紅土、平滑的藍綠山坡、亮黃綠色多邊形和不規則的深綠色帶不協調地襯托彼此。奧勒岡海岸山脈（Oregon Coast Range）是一片皆伐[35]後的林木拼盤，第二代、第三代的花旗松正鋪天蓋地長起來。這幅風景的馬賽克拼貼也包括一些零星散落的原始林，從威拉米特谷（Willamette Valley）延伸往海。眼前鋪展開來的景色看上去不像一條有花樣的被子，倒比較像雜亂的斑塊。感覺我們對於森林應該長什麼樣子，太過優柔寡斷。

西北部的針葉林因其豐沛的濕度而頗富盛名。奧勒岡西部的溫帶雨林的年雨水量有一百二十英吋高，冬天溫和多雨，樹終年生長，跟著長的還有苔蘚。溫帶雨林的所有表面都覆滿苔蘚，樹墩、木頭、森林地表一片綠油油，長著亂蓬蓬糾結的擬垂枝苔（*Rhytidiadelphus*）和清透的走燈苔（*Plagiomnium*），樹幹上樹苔（*Dendroalsia*）的羽毛像是綠金剛鸚鵡的胸部，藤楓在平苔（*Neckera*）簾幕的重壓下拱曲，貓尾苔（*Isothecium*）有兩英尺那麼長。走進森林時，我的心不由自主跳得更快了。或許空氣中的苔蘚氣味有某種東西令人上癮，透過晶瑩發亮的葉子轉化散發出來。

舉世皆然，森林裡的原住民都有向魚類、樹木、陽光和雨表示感謝的古老禱詞，祈求普世蒼生的幸福快樂。和你我交織的每一個生命都有名字、都被感謝。早晨的感恩禱告時，我

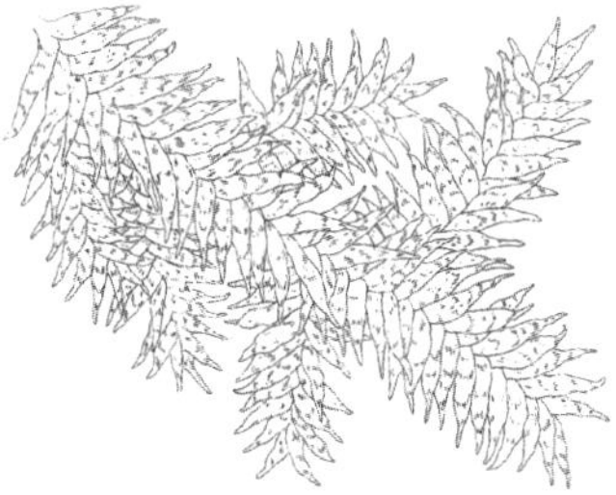

平苔，一種附生苔蘚。

會仔細聆聽看看是否得到回應。我一直好奇大地有沒有任何要感謝人類的事。假如森林要對誰獻上祝福的話，我想它們應該會向苔蘚說聲謝謝。

森林裡的苔蘚看起來很美，對維持森林的功能也很重要。苔蘚不只在潮濕的溫帶雨林裡長得好，也幫助創造這些森林。當雨水遇到樹冠層，落到地面的可能路徑有很多種。很少降雨是直接落入森林地表，我曾經在暴雨時站在森林裡，全身卻乾得如同撐傘狀態。雨滴被樹葉攔截，順著樹枝滑下。兩滴雨交會，然後再兩滴，在樹枝交會處形成涓涓細流，像一條樹上的河，支流的水匯聚起來後從樹幹一路下沖。護林員稱這種沿著樹往下的水路叫「幹流」（stemflow），「穿落水」（throughfall）則是枝葉間滴落的水。

我喜歡在暴風雨時拿下頭巾，站靠近樹幹觀察上

35 譯註：林業管理採取的一種方法，指一致地砍伐光一個區域內的大部分或全部林木，用來創造特定類型的森林生態系統或保護指定的樹種。

面的滾滾洪流。頭幾滴滲進樹皮的水珠就像雨水滲入乾涸的土壤，木栓層吸收濕氣，接著樹皮的溝槽滿到要氾濫出來，直到水衝出堤岸，漫淹整個表面。樹皮的突出部位形成一個迷你尼加拉瀑布，洪流淹過地衣和六神無主的蟎，沿途搜刮粗細樹枝準備沉積。塵土、昆蟲排泄物、微生物殘骸都一併捲入水流之中，因此幹流的養分比剛開始的純雨水高得多。實際上，雨水刷洗樹木，把洗澡水直接帶到久候的樹根。刷洗過的樹皮和土壤之間產生養分循環，讓珍貴的養分留在樹裡，不致流失到森林地表。土壤要向苔蘚說聲謝謝。

一叢叢苔蘚就像河裡的枕頭狀沙袋，減緩雨水向下通過樹幹的速度。水流過苔蘚的時候，大部分會被苔蘚叢的微小毛細管吸收。水留在狹窄的葉尖，沿著小排水管匯聚到葉片底部的凹盆。甚至老葉或糾纏的假根這些苔蘚死掉的部分，都還能捕捉水分。雖然從沒測量過奧勒岡的苔蘚可以留住多少水，但在哥斯大黎加苔蘚茂盛的雲霧森林[36]，苔蘚在一場降雨後就能吸收每公頃五萬升的水分。砍伐森林的後果就是洪水。下過雨之後好一段時間，長著苔蘚的樹幹依舊保持濕潤，慢慢釋放上星期的雨水。當一道光透過樹冠層照到一叢苔蘚上，你會看到蒸汽緩緩上升。雲要向苔蘚說聲謝謝。

每天晚上來自海上的霧氣翻騰。在高聳的樹冠層裡，苔蘚跟銀漿果一樣準備好要收集這些霧氣。苔蘚群落精微的表面布滿小水滴，髮絲般的葉尖和纖細的樹枝會掛著霧滴凝結的水珠。此外，苔蘚的細胞壁有豐富的果膠，跟草莓濃縮成果醬的鎖水成分是一樣的。這個果膠讓苔蘚能夠直接從大氣中吸收水氣，就算沒有降雨，樹冠層的苔蘚也能收集水分，慢慢滴入地面，讓土壤保持潮濕以支持樹木生長，回過頭來也維繫了苔蘚的生命。

＊　＊　＊

我喜歡紙，喜歡它彷彿沒有重量，又保持開放的空白狀態；喜歡它等待的樣子，在平滑的橡樹書桌上框出一個白淨的長方形。橡樹的紋路像散開的漣漪，它捕捉光線的能力沒有哪個石油副產品辦得到。我喜歡小屋裡的松木鑲板和秋天夜晚燻木頭的氣味。不過，雖然我熱愛林產品，在公路上遇見運木材的卡車時，我還是覺得很難過，尤其下雨天的時候，一叢叢苔蘚都還掛在樹幹上，被來往貨車的髒水噴濺。就在幾天前，這些木頭都還是樹，這些苔蘚還帶著森林的濕氣而不是五號州際公路上川留車潮的柴油味。

我忍不住要戳醒自己的表裡不一，像舌頭硬要去試探鬆動的牙齒。我身邊滿是林產品，卻又譴責因為我的欲望被砍伐的皆伐林（clear-cuts）。在奧勒岡，皆伐林屬於「勞動階層的森林」，就是這些藍領階級的樹變出成堆整整齊齊的紙張跟我家的屋頂。我陷入一陣糾結，

36　譯註：一種熱帶或亞熱帶常綠山地雨林，特點是林冠間經常環繞著雲霧，地面和植被上通常覆蓋著豐富的苔蘚。

跟看見雜亂地景時的心情類似。我決定要面對自己的傲慢，去親眼看看皆伐林。

一個明媚的週六早晨，朋友傑夫跟我一起開車往海岸山脈的皆伐林。要找到一片皆伐林並不難，根據聯邦政府的規定，公路跟皆伐林之間必定有未砍伐的緩衝帶以維護公共景觀。伐木工人抱怨為何要留樹不砍，但那片稀疏隱蔽的林子或許反而對林業有幫助：在路邊創造出一種森林安好的假象，來壓抑公眾的反對聲音。我們轉進一條新的伐木路徑，路過柵門和警告標示。這裡，人和土地之間沒有屏障的樹林，我們幾乎忍不住要調頭。我把想吐的感覺當作因為路途陡峭而頭暈，因為擔心迎面而來的運材車而冒冷汗。但我知道那其實是出於恐懼和每個轉彎處無所不在的暴力，還有悲傷，從樹墩油然生起的悲傷，沁入我們的皮膚。

即使再不想面對，也得看看我們的選擇造就了什麼樣的結果。傑夫跟我穿好登山鞋開始爬坡。我努力尋找剩下來的苔蘚，看看是否有一丁點復甦的跡象。但舉目所見盡是荒地，樹墩和亂糟糟的植物在陽光強力照射下被烤焦成鏽棕色。原本繁茂的森林地表變成一堆堆的碎屑，濕濕的泥土氣息被砍伐過的樹樁滲出的樹脂味取代。很難想像皆伐林跟旁邊的原始林其實降雨量一樣多，前者現在卻顯得單調乾枯。要是缺乏森林涵養，水再多也發揮不了作用。經過皆伐林上游集水區的溪流所夾帶的水量，遠超過流經森林的溪流。因為沒有苔蘚森林來截流水分，水經過土壤變成深褐色，把土夾帶到海裡時，也淤塞了鮭魚洄流的溪流路徑。河流要向苔蘚說聲謝謝。

這片大地的傷口會重新種下花旗松幼苗，單一栽培效率高，但樹本身無法構成森林，許多微生物都難以適應樹木被砍光的原野。苔蘚和地衣跟森林的功能高度相關，它們會緩慢地散布在復原中的森林。科學家一直致力尋找幫助恢復森林生物多樣性的管理措施，舊木頭必須留著，好為菌根和蠑螈提供棲地，死掉的樹則可以讓啄木鳥利用。為了讓附生植物早點重新長出來，目前的林務政策規定必須留下一些立著的老樹給苔蘚，才能長成新的森林，希望這些老樹身上的苔蘚能夠再拓展到單一種植的花旗松上頭。不過，這些剩下來的苔蘚就像樹墩海裡的小島，首先得熬過失去森林的考驗。

我看到山坡下方遠處有個一枝獨秀的倖存者。一條條紋標誌帶在熱風中飄動，這是伐木工人做的記號，表示這棵樹不能砍以符合法規，也為森林留下一線生機。我滑下斜坡，避開糾成一團的樹枝。山坡下有條雨水沖出來的溝，我跳過溝渠，落腳時塵土揚起。倖存者兀自站立，彷彿是地球上的最後一人。當其他人都消失，沿著公路被送到羅斯堡的工廠，只有自己逃過一劫，實在一點都高興不起來。

我本來期待倖存者可以提供一方涼蔭，但它的樹枝太高了，影子都落在樹墩上。往上看向它的樹冠，可以看出幫這棵樹做標記的人選了個好位置，蓊鬱的樹頂群落是原始林的正字標記，樹幹和樹枝都是滿滿的苔蘚構造。陽光把原本的綠色曬得很淡，棕色的底部正在剝落。蕨類根狀莖乾枯的殘骸藏在苔蘚下方。風吹著逆毛苔（*Antitrichia*）鬆鬆的邊緣，發出陣陣沙沙聲。我們站在那，默默無語。

苔蘚具有變水（poikilohydric）的生理特性，許多種類乾燥之後，只要有一點水分就能復活。但這裡的種類已經習慣了森林裡舒適又穩定的濕度，如今超出它們的耐受極限，被太陽曬到脫水，已經不可能撐到新生森林回歸。我很高興林務政策的立法者有考慮到苔蘚和它們在未來的森林裡該如何立足。但苔蘚已經密密織入森林的結構裡，不可能獨自存在。假如苔蘚要在復育中的森林站穩腳跟，得先得到一個能支持它們的安全空間。要是苔蘚能發出聲音，我想它們會要求夠大的地來留住水分，還要夠陰涼來培育整個族群。哪裡對苔蘚是好地方，對蠑螈、水熊蟲和畫眉鳥也肯定好。

苔蘚和濕度之間彼此正相關：苔蘚越多的地方，濕度也越高；濕度越高的地方，絕對有越多苔蘚。苔蘚持續蒸發（exhalation）讓溫帶雨林形成關鍵的環境特質，例如鳥鳴和香蕉蛞蝓。若沒有濕潤的空氣，小生物很快就會乾掉，因為牠們的相對表面積（表面積／體積）高得誇張，一旦空氣乾燥，牠們也會乾掉。要是沒有苔蘚，昆蟲就會減少，從食物鏈往上就是畫眉鳥會變少。

昆蟲躲在苔蘚地墊下遮風避雨，但苔蘚的幼芽卻很少被當作食物；鳥和哺乳類動物也會避免吃苔蘚，除了一些富含蛋白質的大型孢子體。生物鮮少以苔蘚為食，可能是因為葉子裡帶有高濃度的酚類化合物，或因為養分太少，吃來不太划算。堅韌的細胞壁也讓苔蘚難以下噈。把苔蘚吞下去的動物通常會原封不動地把它們又吐出來。苔蘚的纖維很難消化可以從一個出人意料的地方看得出來——冬眠的熊的肛門塞。顯然在進入冬天的巢穴之前，熊會先吃下大量的苔蘚，把整個消化系統都包裹起來，在長長的冬眠期間阻止糞便產生。

有許許多多昆蟲在幼蟲階段就鑽進苔蘚地墊裡，在經歷變態（metamorphosis）之前都不被發現。

牠們抖落舊皮囊，拍動新生的翅膀飛向苔蘚濡濕的空氣裡，自由自在。牠們餵食、交配、一陣子後在苔蘚軟墊上產卵，然後飛走，接著被畫眉鳥吃掉，畫眉鳥的蛋也下在鋪著苔蘚的巢裡。

苔蘚柔軟又有韌性，常常被各種鳥類用來築巢，像是鷦鷯做的絲絨杯或綠鵑的吊籃。苔蘚最普遍的應用情境就是鋪在巢的底部，為脆弱的蛋提供緩衝和隔絕層。我某次發現一個蜂鳥的巢，苔蘚蔓生在小巢的邊緣，像是飛揚的西藏經幡。鳥要向苔蘚說聲謝謝。牠們不是唯一運用苔蘚來當巢材的生物，飛鼠、倉鼠、花栗鼠等動物都會用苔蘚植物來當巢穴的襯墊。甚至連熊也是。

斑海雀（murrelet）是一種生活在海邊的鳥，以太平洋沿岸的海洋生物為主食。數十年來，斑海雀的數量一直不斷減少，現在已經被列名為瀕危物種，但導致減少的原因不明。其他沿岸的海鳥族群選擇棲息在食物充足的地方，在岩石峭壁和海底山[37]形成棲地。但斑海雀卻不是這樣。人們從未發現斑海雀的巢，所以以為牠們的巢很隱密。事實上，斑海雀是在原始林的樹頂築巢，離覓食的海平面很遠。這群鳥每天都要往內陸飛行五十英里來到海岸山脈的原始林。牠們數量減少跟原始林消失大有關聯。研究人員發現，大部分斑海雀的蛋都下在逆毛苔（*Antitrichia curtipendula*）鋪成的巢裡，逆毛苔是太平洋西北部特有，而且飽滿厚實的金綠色苔蘚。苔蘚和斑海雀這個組合都仰賴原始森林。

整座森林似乎都由苔蘚細細密密構成。有時候是隱而不顯的背景編織，有時候是一條明顯的亮蕨綠色帶。點綴著原始林的樹幹和枝條的蕨類從不會在光禿的樹皮上生根，絕對是在苔蘚上才長得出來。蕨類也要感謝苔蘚。多足蕨的根狀莖長在苔蘚底下，定著在積聚的有機土壤中。

參天大樹和微渺的苔蘚從出世就註定了歷久不衰的關係。苔蘚地墊經常是小樹的育嬰房。落到光禿地面的松樹種子可能會被斗大的雨滴打個不停或被四處尋覓食物的螞蟻給抬走，新生的細根也可能被陽光曬乾。但落到苔蘚床上的種子卻可以安適地停留在葉狀枝上，比起裸露的土壤，葉狀枝可以把水留得更久，及早孕育新生命。種子和苔蘚之間的互動並不都是正

37 譯註：從海底地面聳起但仍未突出海平面的山。

向的，如果種子很小、苔蘚很大，樹的幼苗有可能長不起來，不過大多數情況下，苔蘚都有助於樹的生長。長滿苔蘚的木頭常被稱作「保姆木」（nurse logs）。這類育兒區時而出現在森林裡直挺挺的鐵杉倒木上，殘留的幼苗一開始就跟潮濕倒木共存共榮。樹要向苔蘚說聲謝謝。

濕氣招來苔蘚，苔蘚招來蛞蝓。香蕉蛞蝓應該算得上是太平洋西北部雨林非正式的吉祥物，這個六英寸大的花斑黃色軟體動物滑過長著苔蘚的倒木和訝異的山友，到達步道的另一邊。蛞蝓靠苔蘚叢裡的居民為食，甚至也吃苔蘚。我有一個對所有小東西都感興趣的生物學家朋友，有一次在等公車的時候挖起了一些蛞蝓糞便，帶回家用顯微鏡瞧個仔細。當然，糞便裡面都是苔蘚碎屑。他很興奮地打給我報告這個好消息：蛞蝓吃苔蘚，然後會傳播苔蘚作為回報。生物學家的話題可能不太適合晚餐時間討論，但我們都樂此不疲。

香蕉蛞蝓在早上的時候特別多，黏液足痕還在木頭上閃閃發亮。露水乾掉時，牠們似乎就消失了。但牠們去哪裡了呢？某天下午我正在尋找腐木上的植物群，發現了香蕉蛞蝓的藏身處。我從一塊巨木身上剝下一層美喙苔，眼前所見彷彿是一整棟香蕉蛞蝓的宿舍，每隻蛞蝓都享有濕軟木頭上的單人房，安居在涼爽濕潤的木頭跟苔蘚絨毯之間。在陽光叫醒牠們之前，我趕忙把牠們蓋住。蛞蝓要向苔蘚說聲謝謝。

森林地表的倒木除了庇護蛞蝓和蟲子，也是生態系裡養分循環不可或缺的環節。負責分

羽狀灰苔的羽片，
常見於生苔的倒木上。

解作用的真菌類就長在這裡，它們能否存活極度仰賴木頭的穩定濕度。厚厚一層苔蘚保護木頭不至於乾掉，創造一個讓真菌菌絲體可以生長的環境。絲線般的菌絲體是真菌的隱藏部位，負責進行分解作用。只有在厚實的苔蘚地墊上才會長出各式各樣的真菌，美麗的蕈類只不過是冰山一角，在招搖的繁殖階段從木頭上冒出來，長成一座小花園。真菌要向苔蘚說聲謝謝。

一種對森林功能很重要的特殊真菌也長在土生的苔蘚地毯底下。一叢叢蓬亂的擬垂枝苔（*Rhytidiadelphus*）和白邊苔（*Leucolepis*）覆蓋在森林地表之上，下方的腐植質裡長有菌根（mycorrhizae），一群和樹的根系共生的真菌，它名字的字面意思就是真菌（myco-）根（-rhizae）。樹木照顧這些真菌，餵養光合作用產生的糖；為了報答樹的恩惠，真菌伸出絲狀的菌絲體深入土壤，為樹木搜刮養分。很多樹的活力完全就靠這種愉快的夥伴關係。最近有研究發現，在一層苔蘚下方的菌根密度顯著較高，不毛之地就很難產生這種夥伴連結。苔蘚和菌根會產生關聯，應該就是因為苔蘚地墊下濕度穩定，又儲存了很多養分。

大家都知道要研究地底下的微生物彼此如何互動極其困難，但有一群科學家解開了一道錯綜複雜的三角習題。為了追蹤森林中磷的流動，科學家跟著雨水產生的彎路尋找它們留下的痕跡。降雨將磷從雲杉的針葉洗刷到下方的苔蘚，磷會在苔蘚那兒儲存起來，直到菌根菌把細絲滲透到苔蘚叢裡面。絲線狀的菌根和細胞外酵素會從苔蘚死去的組織吸收磷，同一種真菌在苔蘚跟雲杉的根系裡頭都長出菌根，形成了苔蘚和樹之間的橋樑。這張互惠之網確保磷會不斷地循環，沒有一絲一毫浪費。

苔蘚串起一整個森林，這種互惠的模式讓我們看到了一種可能性。它們只取所需的少少部分，卻湧泉以報。苔蘚支持了河流、雲朵、樹木、鳥、藻類跟蠑螈，而我們卻又置它／牠們於險境。人類打造的系統根本不是要增進生態系的健康，而是不斷索取卻無意歸還。皆伐林或許滿足了某個物種的短期需要，卻犧牲了苔蘚、海雀、鮭魚和雲杉的基本需求。我一直懷抱著希望，覺得很快，我們會找到自我約束的勇氣，能夠像苔蘚一樣謙遜地活著。那一天來臨時，當你我起身向森林致謝，我們可能會聽到響徹的回音，森林也在向人類說謝謝。

18

採盜者與旁觀者

雨靴陷進山坡的泥土，我集中力氣往前大步邁向下一個手可以抓住的東西，也就是我頭上方一叢植物的莖。一根刺刺進我的大拇指，但我不能放手，因為那是我唯一的寄託。鮮紅的血從刺的周圍滲出，把我的注意力拉離腿的疼痛和耳際的內心絮叨。他們究竟為什麼要費盡氣力來到這裡？紅花覆盆子的樹叢交錯糾結，根本無法通過，我只好想辦法從下面跪爬過去。一根根刺不時抓住我的帽子、背包和皮膚，我的衣服沾滿泥巴，每一個移動都舉步維艱。現在我找不到前方留下的軌跡了，一時間哭笑不得。精疲力竭的我開始找理由放棄，想趕快離開這裡。然後眼角餘光突然瞥見一抹紅色，上坡處的樹枝綁著一條破爛的記號旗，他們一定是從那邊過來的，我猜他們留下記號好在完工時能夠快一點下山。大拇指的血吸起來有泥巴和鐵的味道。我繼續前進，每一跨步都用手護住臉別撞上刺藤。

越往上爬，我就越被繚繞在海岸山脈頂端的霧氣包圍。一片灰撲撲加深了涼意，也讓我感受到自己已經走了多遠。沒有其他人知道我在哪裡，連我自己都不知道。山谷底一群躁動獵犬發出的聲音讓我意識到這裡不是只有我一個人，有人知道我的存在。我不安地祈禱他們不會決定要來搜查這位入侵者。這樣就好。我也有同等站在這塊土地上的權利，但這樣說可能沒什麼用。狗或許會跟他們一起出現，邊監視邊趴著吐舌頭。

山坡的邊緣突然變得平坦，上面長著一整排楓樹。我的心跳突然慢了一拍，想用泥濘的手把汗從眼睛上擦掉。紅花覆盆子叢稀疏了些，我又可以看到前方的路。我馬上知道眼前就是那群人千辛萬苦也要爬上來的富庶寶地——他們在此發現了寶山，而且地處偏遠不會被抓到。他們已經路過此地一陣子了，卻還餘留著暴力的痕跡。

費勁抵達之後，接下來對他們就像囊中取物。山頂上整天雲霧繚繞，蘊藏豐厚。他們應該以超乎想像的速度就把帶來的麻袋裝滿，而且這一林分[38]僅僅被搜刮了一半。他們應該沒料想到可以收集到這麼多，搬起來很重。

溪流對面的森林似乎杳無人跡。大片茂密的藤楓讓空氣看起來都是綠的，每個角落都長滿了苔蘚。我知道如果靠近點看會看到什麼，只有這種偏遠的老林分才有這些好東西——每一樣都是我的老朋友。其他地方不會常見到樹苔的大羽毛，或逆毛苔厚到可以把整隻手埋進去；平苔（*Neckera*）亮晶晶一串。還有很多。想到他們應該連停下來看一眼都沒有，我不禁眉頭一皺。偷藝術品的賊起碼還知道自己拿走什麼。

林子的另一端已經被清得乾乾淨淨，有如禿鷹只留下吃剩的骨頭。我想像他們伸出髒手深入苔蘚地墊，把手臂那麼長的苔蘚給成片撕起，想到這就讓我一陣顫抖，像是一個女人在攻擊她的人面前被脫個精光。他們接連剝除每棵樹上的苔蘚，塞進麻布袋，從光明進入黑暗。你不得不承認他們是很有效率的掠食者，所及之處盡是一片荒蕪。

38 譯註：stand，指內部特徵基本上一致且與周圍有明顯區別的一片森林。

令我心煩的是，他們工作結束後坐在這裡抽菸自爽，卻把菸盒塞到樹洞裡。我想像他們吹著口哨趕狗一路下山，背後拖著一袋袋人質。下山應該不比來時路輕鬆，畢竟紅花覆盆子會一直刺進袋子，也沒辦法怪他們不回頭收拾殘局。一天能撿到那樣的份量算是不錯的了，山下的太平洋驕傲加油站（Pacific Pride station）有個人會付現跟他們買下。

接著我的工作開始了，要記錄他們離開後發生的事。我感覺自己像個正在拍攝災難現場的無助攝影師，只能被外在推著走，沒辦法改變什麼。我們發現幾處採苔蘚的人曾出沒的地方，為他們造成的破壞留下科學證據。每個剝落的樹皮都會被測量、做記號跟檢查新生的跡象，我極力尋找這些赤裸的樹枝重新發芽的可能性，但沒有，或許是蔓生的枝芽或者哪裡有某根樹枝向外伸向又硬又乾的樹皮——但幾乎連一點復原的跡象都沒有。雖然不需要任何複雜的分析就能發現這個情況，但我還是盡力做了記錄。沒人知道它們長回來需要花多少時間，也許永遠都長不回來。這些苔蘚墊大都跟樹差不多年紀，從小樹苗時期就一起生長。

沒有受損的那一側森林，累積在我的筆記簿上的量測資料倒是跟苔蘚採集人帶著的麻袋一樣滿。每一根樹枝至少有十二種以上的苔蘚種類，十二種深深淺淺的綠色。美喙苔、麻羽苔（*Claopodium*）、同蒴苔（*Homalothecium*）……每一種都是一個藝術作品，光與水結合，誕生這個星球上最精緻無比的地毯。這麼一條古老的掛毯被撕成一條一條塞進袋子，袋子裡有難以計數的生物把苔蘚當作家園，就像鳥棲息在森林裡。鮮紅色的甲蟎、蹦蹦跳跳的彈尾蟲、轉個不停的輪蟲、離群索居的水熊蟲，以及牠們的孩子：我該像安魂彌撒那樣一一唱名嗎？

這一切的破壞究竟是為了什麼？若我們跟著卡車來到城市，會看到他們把戰利品搬到裝卸站臺上的磅秤，離開時口袋變重了一點點，但並不多。到了倉庫裡，麻袋裡的東西被倒出來清理放乾。高檔產品「奧勒岡綠森林苔蘚」（Oregon Green Forest Moss）被賣到世界各地，商人用奧勒岡這個名字喚起蒼翠森林的意象。苔蘚會根據種類和品質分類，用於不同的產品。劣等的材料用來裝飾賣給花商的花籃，或妝點人工綠地成為商品圖鑑上所謂「生機勃勃」的模樣。最結實美麗的則被留下來特別利用——做成「名家苔蘚片」（Designer Moss Sheets）：羽狀葉被貼到織物背景上，噴上阻燃劑，如此才能符合公共場所的消防規範，用作車展裡機車下方的地墊或裝飾在優雅的飯店大廳。最後一步是要符合專利權的作法，也就是用「莫詩生活」（Moss Life）品牌的染料來幫苔蘚片塗上鮮綠色。這種苔蘚「織品」被捲成一匹一匹準備販售，苔蘚片則在花園旁或網站上賣，標榜它可以用在「任何需要來點大自然的地方」。

我在波特蘭機場的大廳看過這些苔蘚製品滿布在塑膠樹下方的空地。見到它們時，我低聲呼喚它們的名字——逆毛苔、擬垂枝苔、假平苔（*Metaneckera*）——但它們卻把眼神別開了。

太平洋西北地區的雨林適合苔蘚生長。灌木和樹上常覆蓋著厚厚的附生植物，裡頭有各種苔類、蘚類和地衣，對於養分循環、食物網、生物多樣性都扮演很重要的角色，也是無脊椎動物的主要棲地。活苔蘚的重量差不多介於每公頃十到兩百公斤。有些森林的苔蘚重量可能比樹葉還重。

一九九〇年開始，原本欣欣向榮的苔蘚受到商業採集的衝擊，採集者折斷樹枝，把苔蘚賣給園藝商人。奧勒岡海岸山脈的合法苔蘚採集每年超過二十三萬公斤。林務局規定國家森林的苔蘚採集必須經過核可程序，但實際執法卻沒有落實。非法採集的總量是合法額度的三十倍之多，多出來的數量則從其他公有或私有森林取得。

生物學家一直在實驗採集林做研究，來推估苔蘚多久會重新長出來。初步研究認為苔蘚要復原，恐怕得等上數十年。採集後四年，藤楓的樹枝仍然平滑光禿，沒有一點苔蘚回歸的跡象。樹枝剝除的傷口邊緣，原本的苔蘚還在，但它們爬向光禿部位的速度遠比蝸牛還慢——四年只多了幾公分。我們發現光滑的成熟樹皮對苔蘚來說太平、太滑了，很難穩定立足。

肯特・戴維斯（Kent Davis）和我開始研究苔蘚如何從附生植物開始成長。首先它們必定得定殖在光禿的樹皮上——否則這些厚實的苔蘚地毯要怎麼長起來？研究結果令我們大吃一驚，苔蘚完全不會長在幼齡樹的禿樹皮上。我們檢查細枝和新生樹枝，樹皮上什麼都沒有，但每個葉片、芽苞的傷疤處跟樹木枝幹表面的皮孔都有一叢小小的苔蘚。你若端詳一根細樹枝，會發現它大部分都被樹皮包覆，生命史雖還不長，卻也留下了紋理：突出的殘端是去年的葉子生長的部位，所謂的葉痕（leaf scar）很像軟木，其構造只夠留住一兩個孢子；細樹枝緊密相依的脊部也顯示芽苞之前會從這裡長出來，此處質地粗糙，似乎讓苔蘚可以落腳。一根嫩枝必須一小叢一小叢、一個葉痕一個葉痕慢慢建立起它的苔蘚群。我們發現苔蘚叢的大小隨著樹枝的年份增加，樹齡越大，就會有不同的苔蘚移入——不是在光禿的樹皮上，而是長在原本的苔蘚上。成齡樹的厚苔蘚墊一開始是從細樹枝開始長起，定殖比較容易發生在新生的細枝上，幾乎不可能出現在老枝幹。當莖幹逐漸老朽，葉痕也會變少，彼此之間距離變遠，吸引苔蘚的機會就更少了。由此推論，重量比樹枝還重的苔蘚墊或許跟樹本身差不多年紀。

從某種意義上說，苔蘚採集人把「原始」的苔蘚取走了，但是新苔蘚補上的速度跟不上移除的速度。根據定義，這是不永續的採集。失去苔蘚會產生無法預料的後果。當苔蘚消失，相關的生物網絡也會跟著消失，鳥、河流、蠑螈會思念苔蘚。

這個春天，我在紐約州北部的當地苗圃買了一些多年生植物，這裡離奧勒岡的苔蘚森林很遠。苗圃裡的展示一如往常地迷人，還有日晷跟美麗的陶器。一邊逛，女兒抓住我的手臂，神神祕祕地說：「看！」牆上一整排灌木修剪成的野生動物：真實尺寸的麋鹿、綠色的泰迪熊和優雅的天鵝。每隻動物的鐵絲骨架裡都塞滿奧勒岡苔蘚。苔蘚不再只是旁觀者了。

19

妖精的黃金

裝上窗簾的那一年，它就消失了。我知道這樣不對，不過既然已經這麼做了，東西也在手了，我還是覺得必須讓窗簾掛著，雖然它們被風糾成一團，在暴風雨中緊貼著濕漉漉的紗窗。這就是擁有的霸權。窗子往內搖搖擺擺，它是一大塊有八片方形毛玻璃的窗子，上面的玻璃飽受風吹雨打，整片快掉下來。無論晚上或白天，我幾乎都不關窗的，它不斷傳送來湖水聲，還有白松木在陽光下的樹脂氣味。在野外為何還要掛窗簾呢？在已經黝黑、闃黑的夜裡還要把星光阻擋在外嗎？為了避免被上千星星窺看嗎？

每年春天我都得離開應有盡有的舒適小窩，那裡有書、音樂、溫暖的燈光、好坐的椅子，還有我不好意思承認的三台電腦跟一台洗碗機。我把車開離精心打造的花園，這時飛燕草剛剛開花。我帶上的東西盡可能越少越好。我每年都要從紐約州北部平緩的農場一路向北，移動往阿第倫達克綿延不絕的森林。教授之家的舒適生活離我越來越遠了。

生物工作站是小紅莓湖畔極東的前哨站，必須得搭七英哩的船，越過整個湖面才能抵達。六月初要渡湖恐怕不容易，畢竟短短六個禮拜前，湖水還結著冰。雨和浪聯手從我的雨衣袖子成片流下。我回頭看看女孩們，她們擠在船尾，頭縮進斗篷，像幾隻又紅又綠的海龜。風差點要把我的眼鏡吹掉，雨打得我什麼也看不見，努力要讓船跟上浪的節奏。一波浪拍上船頭，把我們都打濕了，冰冷的湖水從喉嚨附近的衣服孔隙滲進來，往下滴到胸部之間。我們有的東西都在船上了，而我們需要的東西都在前方的岸上。

天快黑時我們終於抵達船塢，踏上浮板往暗濛濛的小屋走，只能靠著湖水鋼灰色的反光看到眼前的路。大夥在黑暗中把衣服脫下，我摸索尋找裝著火柴的咖啡罐，然後在壁爐前跪了下來，孩子們緊緊依偎在我背後，身上裹著毯子，她們的濕襪子在地上留下了腳印。火柴點燃瞬間的黃綠火光照亮了整個房間，當火碰觸到樺樹的樹皮時，光先變成藍色，然後是金色。對我來說，黃樺樹樹皮的香氣一直代表著安全的味道。我鬆了一口氣，一切的緊繃從疲累的肩膀釋放，像是雨珠滑下屋頂。在這樣一個遙遠的彼岸，這麼個下雨的夜晚，火光在空蕩蕩的牆壁上跳舞，我竟然生起一股滿足感，甚於待在鍾愛之物圍繞的溫暖家中。這裡每一樣東西都是我需要的，簡單卻珍貴：外頭的雨、屋裡的火，還有湯。其他都是多餘的，尤其是窗簾。

每年夏天我帶的東西越來越少。女孩們還小的時候，可以一人只帶一樣玩具和一個雨天百寶箱，裡面有蠟筆、紙，諸如此類的，但往往動都沒動就帶回家了。整個夏天好像不夠長，還不夠爬遍所有岩石和建造所有城堡。當蠟筆苦守寒窯時，外頭已經有卵石堆起的小村莊，松樹下松果散落一地。她們把冠藍鴉的羽毛綁在辮子上，大口大口吃下整個夏天的手工桃子冰淇淋。晚餐後我把苔蘚工作先擱著，我們會去湖畔爬上爬下。天已向晚，暮色低垂，湖畔沐浴在蜂蜜般濃稠金黃的光線中。我們手腳並用攀上岩石，為了閃躲浪花卻弄濕雙腳。女孩們聚精會神地檢查一塊塊漂流木和閃著珍珠光澤的淡菜殼，她們的臉龐在金色落日下閃閃發

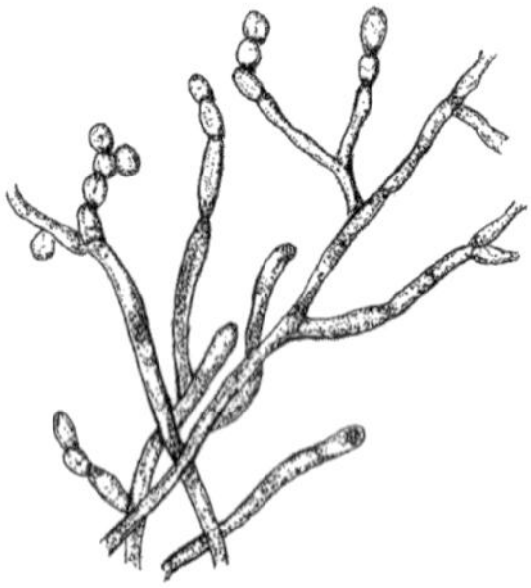

光苔的絲狀原絲體。

光。我們就是在那時候發現它的，最不可能出現的生物。

二十世紀初期此地的一場大火為湖畔帶來整排的白樺樹，從冰川砂層裡生出一片亮白。最後的冰河帶來花崗岩巨石構成的湖岸。散亂的岩石很適合獨處看夕陽，幾乎不會受到風和浪的影響，但暴風雨時，浪會從岩石間的缺口拍打上來，掏空沙岸，挖出小洞。我們把手伸進洞穴，撥開入口處黏黏的蜘蛛網。這個洞穴的大小剛好夠讓孩子蹲在裡面，但大人會卡住進不去，只能用眼睛看。我躺在湖水淘洗過的鵝卵石上，頭在洞穴裡，望向上方的昏暗。洞裡聞起來陰涼潮濕，像是古老地窖的泥土地表。波浪的聲音在洞裡變得隱隱約約，反而我女兒興奮的呼吸聲在黝黑的寧靜中特別響亮。

洞穴頂部是一個黑暗的穹頂，沙子鑲在盤根錯節的樺樹根裡，洞穴後端一路向上消失在陰影之中。裡頭的光線詭異地閃動，原來是外頭水波的反光在洞穴的壁面上下搖晃。我的眼角瞄到某個東西，亮亮的、綠綠的、一閃一閃，像突然被光照到的短尾貓眼睛。

我朝那個綠色微光探出手指，摸到一層冷汗般的濕氣，便把它掃開。我有點期待手指頭會像某個夏天夜晚不小心把螢火蟲壓扁在梅森罐的螺旋蓋時那樣發光，但現在什麼都沒有。土的表面似乎就在發光。我轉過頭去看，光線忽明忽滅，像蜂鳥喉嚨那樣五彩斑斕，一下微光閃爍，一下又轉為黑暗。

* * *

光苔（*Schistostega pennata*）又稱「妖精的黃金」（Goblins' Gold），跟其他種類的苔蘚都不一樣。光苔是極簡主義的完美典範，手段簡樸，目的豐富[39]，樸素到你完全不會發現它是苔蘚。湖畔的苔蘚為了照到陽光都努力向外長，葉片和芽苗雖小卻生氣勃勃，需要仰賴大量

39 譯註：原文為「simple in means, rich in ends」，這句話是挪威哲學家納斯（Arne Naess）在一九七三年提出的環境倫理學理論「深層生態學」（Deep ecology）的重要格言，對消費主義和物質主義提出質問，主張人類應該極小化對其他物種和地球的影響，過簡樸卻豐富的生活。「深層生態學」是相對於「淺層生態學」（Shallow ecology）所區分出的流派，關心整個自然界，強調非人類中心主義和整體性，將「人與自然」作為統一整體來認識、處理和解決生態問題。

的陽光才能穩定成長。如果用太陽能貨幣來計價的話，這些苔蘚可真是所費不貲呢。有些苔蘚需要全日照，有的喜歡雲隙間的漫射光，光苔則只需要雲朵邊緣透出的絲絲光線就夠了。湖畔洞穴裡的光線只剩下湖水表面的反光，只有戶外光線的十分之一。

洞穴裡很難得有陽光照進來，因此光苔的結構不能太複雜，像是葉子之於如此克難的環境就顯得太過奢侈。在原本長葉子和芽苗的部位，「妖精的黃金」簡化為一層薄薄的半透明綠絲，叫作原絲體。長在縫隙中的光苔是由縱橫交錯在潮濕泥土表面幾乎看不見的絲線構成，它在黑暗中會發光，或者應該說在幾乎照不到陽光的地方，它依然在黯淡的光線下閃動。

每條細線都是一整絡獨立的細胞，像一串閃亮亮的珠子。每個細胞的壁面都斜斜的，內部構造彷彿切割過的鑽石。這些小平面讓光苔閃爍如遠方城市燈火熠熠。這些傾斜得恰到好處的壁面會捕捉各種光線向內聚焦，有一個大葉綠體（chloroplast）在那裡等待集合的光束。葉綠體裡面充滿精密複雜的葉綠素和薄膜，能夠將太陽能轉換成電子流。這就是光合作用的電子傳遞，把陽光轉化成糖，把清水變成雞湯[40]。

在這個綠色植物幾乎難以存活的幽暗一角，光苔的一切所需都已滿足了。外頭下雨，裡頭溫暖。我對光苔油然而生出一股親切感，它的冷光跟我的很不一樣。它對世界要求不多，卻以光芒回應之。我一直都受到好老師的眷顧，光苔也是其中之一。

我的小女兒吹掉沾到她臉上的根。她本身就像一個精靈，蟄伏在黑暗裡守護著黃金。外頭的夕陽更低了，一大片橘色的光從湖面朝我們攤開。此刻太陽幾乎要落到地平線上，金邊逐漸下沉，差點就要碰到對岸的小丘陵。時間差不多了，我倆屏氣凝神，光線準備爬上洞穴的壁面。太陽終於低到足以照進堤岸上的洞穴開口，突然間陽光照破黑暗，像夏至初始時一束光穿透印加神廟的縫隙。時機最重要。就在這個瞬間，地球迴轉入夜之前的這個短暫頓點，洞穴裡盈滿了光。原本難以察覺的光苔突然出現沐浴在閃耀的光點中，像聖誕節時打翻在地毯上的綠寶石。原絲體的每個細胞都能折射光線，將光轉成糖分，好度過接下來的黑暗。幾分鐘之後，光就消失了。所有光苔需要的養分都在一天尾聲當陽光與洞口連成一線的瞬息間得到滿足。我們爬回湖岸上，在落日餘暉消失時回到小屋。

宜人的夏日夜晚，光線充足，光苔回應的方式是加倍生長來攔截夏日的光照。原絲體裡的小芽已經蓄勢待發要好好把握這瞬息的豐饒。葉芽膨脹形成幾排直挺挺的新枝，散布在原絲體上。每根新枝的形狀都像羽毛扁平卻纖細，柔軟的藍綠色葉子挺立像半透明的蕨類，追隨著陽光。雖然微小，但已足夠。

對這群苔蘚的了解，於我是一份寶貴的禮物，必須慎選分享的對象。我的老教授在退休之前把這些知識交付予我，因為他知道我今生的唯一職志就是生物學家。我不輕易跟他人說

40 譯註：原文為 Straw into Gold，直譯為「麥稈變黃金」，典故出自《格林童話》的〈侏儒怪〉（Rumpelstiltskin）篇章。

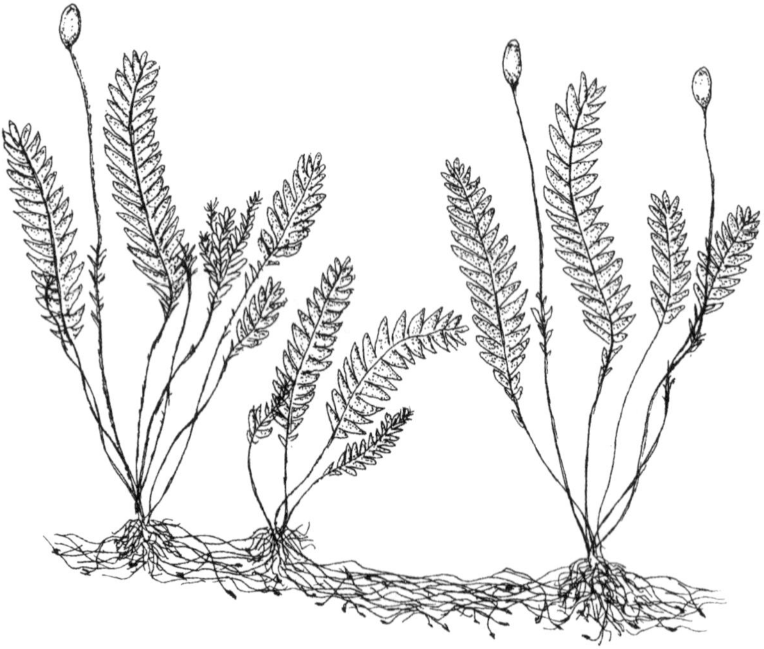

光苔，妖精的黃金。

起這些苔蘚的事情。雖然好像有點傲慢，但我只願意把知識分享給懂得珍惜、值得這份大禮的人。並不是擔心他們會看上苔蘚的價值而拔走它，而是擔心人們不懂得珍惜。所以我囤積那些金子，保護它免受看不起閃閃微光的人所輕蔑。

光苔鍥而不捨地發亮，生產出足夠的能量來支持整個家族。透過洞穴壁面凝結的濕氣，精子會到處亂游直到跟久候多時的卵子相遇，然後形成孢子體。這個小囊從薄透的窄葉基部長出，將孢子拋向風中。我推測這些子代很難脫離密不透風的洞穴，但是光苔群落卻廣布在整個沿岸，它們找到方法在這個偶然的棲地開疆闢土。這樣很好，因為洞穴不會永遠都在。

我家小女孩越長越大，開始有別的樂子，不再著迷於在夕陽下沿著湖畔散步。因為這樣，我也越來越少去洞穴，開始忙著其他事情，像是掛窗簾。就在那年，亮晶晶的苔蘚消失了。某天晚上我獨自到外頭散步，發現以前長著苔蘚的堤岸崩塌了，埋住了洞穴的入口。我推測應該是因為時間和風化的不可抗力，但只是猜想。

奧農達加的長輩曾經說過，植物會在我們有需要的時候來到，如果我們帶著敬意運用它們、珍視它們的獨特，這些植物就會長得更好。只要我們保持尊重，它們就會一直待在我們身邊；但若我們把它們給忘了，這些植物就會離開。

窗簾是個錯誤——彷彿意味著陽光、星星和發光的苔蘚還不足以構成一個家。窗簾的無謂拍動便是不敬之舉，給盼在窗外的光線和空氣賞了一記記耳光。我帶進有害的事物，讓自已變得健忘，忘記了我所需要的一切其實就在這兒，外頭的雨，屋裡的火。光苔不會犯同樣的錯誤。不過已經太遲了，洞穴已經崩塌了。我把窗簾丟進火爐，讓它們順著煙囪冉冉上升，化作閃爍的星星。

那晚，火已餘燼成灰，月光從窗子流瀉進來，我的思緒都縈繞著光苔：反射的月光也能讓光苔發亮嗎？一年有多少天太陽會跟光苔在湖面上的開口形成一條線？它能夠長在對岸，從那個方向等待日出的光嗎？或許只有在這岸，風能夠切出洞穴，陽光會直接照進岩石之間。因為環境條件配合得如此天衣無縫，這些生命才得以存在，所以光苔比金子還難得，無論是妖精或其他誰的。它的存在不僅仰賴洞穴和陽光的角度，湖畔西岸的丘陵如果再高一點點，陽光在照到洞口之前就會先沉落在山後。少了任何一處細節，流光就不可能發生。也因為西風不斷拍打著岸邊，才讓光苔有洞穴可棲息。光苔和我們的生命之所以存在，全因為無數同步的巧合，讓我們相聚於此地此刻。為了答謝這份厚贈，最好的回禮就是交相輝映。

延伸閱讀

一、苔類植物生態學

- Bates, J. W., and A. M. Farmer, eds. 1992. *Bryophytes and Lichens in a Changing Environment*. Clarendon Press.
- Bland, J. 1971. *Forests of Lilliput*. Prentice Hall.
- Grout, A. J. *Mosses with Hand-lens and Microscope*
- Malcolm, B., and N. Malcolm. 2000. *Mosses and Other Bryophytes: An Illustrated Glossary.* Micro-optics Press.
- Schenk, G. 1999. *Moss Gardening.* Timber Press.
- Schofield, W. B. 2001. *Introduction to Bryology*. The Blackburn Press.
- Shaw, A. J., and B. Goffinet. 2000. *Bryophyte Biology*. Cambridge University Press.
- Smith, A. J. E., ed. 1982. *Bryophyte Ecology*. Chapman and Hall.

二、苔類植物鑑定

- Conard, H. S. 1979. *How to Know the Mosses and Liverworts*. McGraw-Hill.
- Crum, H. A. 1973. *Mosses of the Great Lakes Forest.* University of Michigan Herbarium.
- Crum, H. A., and L. E. Anderson. 1981. *Mosses of Eastern North America.* Columbia University Press.

- Lawton, Elva. 1971. *Moss Flora of the Pacific Northwest.* The Hattori Botanical Laboratory.
- McQueen, C. B. 1990. *Field Guide to the Peat Mosses of Boreal North America.* University Press of New England.
- Schofield, W. B. 1992. *Some Common Mosses of British Columbia.* Royal British Columbia Museum.
- Vitt, D. H., et al. *Mosses, Lichens and Ferns of Northwest North America.* Lone Pine Publishing.

三、其他

- Alexander, S. J., and R. McLain. 2001. "An overview of non-timber forest products in the United States today." Pp. 59-66 in Emery, M. R., and McLain, R. J. (eds.), *Non-timber Forest Products.* The Haworth Press.
- Binckley, D., and R. L. Graham 1981. "Biomass, production and nutrient cycling of mosses in an old-growth Douglas-fir forest." *Ecology* 62:387-89.
- Cajete, G. 1994 *Look to the Mountain: An Ecology of Indigenous Education.* Kivaki Press
- Clymo, R. S., and P. M. Hayward. 1982 The ecology of Sphagnum. Pp. 229-90 in Smith, A. J. E. (ed.), *Bryophyte Ecology.* Chapman and Hall.
- Cobb R. C., Nadkarni, N. M., Ramsey, G. A., and Svobada A. J. 2001."Recolonization of bigleaf maple branches by epiphytic bryophytes following experimental disturbance." *Canadian Journal of Botany* 79:1-8.
- DeLach, A. B., and R. W. Kimmerer 2002. "Bryophyte facilitation of vegetation establishment on iron mine tailings in the Adirondack Mountains." *The Bryologist* 105:249-55.
- Dickson, J. H. 1997. "The moss from the Iceman's colon." *Journal of Bryology* 19:449-51.
- Gerson, Uri. 1982. "Bryophytes and invertebrates." Pp. 291-332 in Smith, A. J. E. (ed.), *Bryophyte Ecology.* Chapman and Hall.

- Glime, J. M. 2001. "The role of bryophytes in temperate forest ecosystems." *Hikobia* 13: 267-89
- Glime, J. M., and R. E. Keen. 1984. "The importance of bryophytes in a man-centered world." *Journal of the Hattori Botanical Laboratory* 55:133-46.
- Gunther, Erna. 1973. *Ethnobotany of Western Washington: The Knowledge and Use of Indigenous Plants by Native Americans*. University of Washington Press.
- Kimmerer, R. W. 1991a. "Reproductive ecology of *Tetraphis pellucida*: differential fitness of sexual and asexual propagules." *The Bryologist* 94(3):284-88.
- Kimmerer, R. W. 1991b. "Reproductive ecology of *Tetraphis pellucida*: population density and reproductive mode." *The Bryologist* 94(3):255-60.
- Kimmerer, R. W. 1993. "Disturbance and dominance in *Tetraphis pellucida*: a model of disturbance frequency and reproductive mode." *The Bryologist* 96(1)73-79.
- Kimmerer, R. W. 1994. "Ecological consequences of sexual vs. asexual reproduction in *Dicranum flagellare*." *The Bryologist* 97:20-25.
- Kimmerer, R. W., and T. F. H. Allen. 1982. "The role of disturbance in the pattern of riparian bryophyte community. *American Midland Naturalist* 107:37-42.
- Kimmerer, R. W., and M. J. L. Driscoll. 2001. "Moss species richness on insular boulder habitats: the effect of area, isolation and microsite diversity." *The Bryologist* 103(4):748-56.
- Kimmerer, R. W., and C. C. Young. 1995. "The role of slugs in dispersal of the asexual propagules of *Dicranum flagellare*." *The Bryologist* 98:149- 53.
- Kimmerer, R. W., and C. C. Young. 1996. "Effect of gap size and regeneration niche on species coexistence in bryophyte communities." *Bulletin of the Torrey Botanical Club* 123:16-24.

- Larson, D. W., and J.T. Lundholm. 2002. “The puzzling implication of the urban cliff hypothesis for restoration ecology.” *Society for Ecological Restoration News* 15: 1.
- Marino, P. C. 1988 “Coexistence on divided habitats: Mosses in the family Splachnaceae.” *Annals Zoologici Fennici* 25:89-98.
- Marles, R. J., C. Clavelle, L. Monteleone, N. Tays, and D. Burns. 2000. *Aboriginal Plant Use in Canada's Northwest Boreal Forest.* UBC Press.
- O'Neill, K. P. 2000. “Role of bryophyte dominated ecosystems in the global carbon budget.” Pp 344-68 in Shaw, A. J., and B. Goffinet (eds.), *Bryophyte Biology*. Cambridge University Press.
- Peck, J. E. 1997. “Commercial moss harvest in northwestern Oregon:describing the epiphytic communities.” *Northwest Science* 71:186-95.
- Peck, J. E., and B. McCune 1998. “Commercial moss harvest in northwestern Oregon: biomass and accumulation of epiphytes.” *Biological Conservation* 86: 209-305.
- Peschel, K., and L. A.Middleman. *Puhpohwee for the People: A Narrative Account of Some Uses of Fungi among the Anishinaabeg*. Educational Studies Press.
- Rao, D. N. 1982. Responses of bryophytes to air pollution. Pp 445-72 in Smith, A. J. E. (ed.), *Bryophyte Ecology*. Chapman and Hall.
- Vitt, D. H. 2000. “Peatlands: ecosystems dominated by bryophytes.”Pp 312-43 in Shaw, A. J., and B. Goffinet eds. *Bryophyte Biology*. Cambridge University Press.
- Vitt, D. H., and N. G. Slack. 1984. “Niche diversification of Sphagnum in relation to environmental factors in northern Minnesota peatlands.”*Canadian Journal of Botany* 62:1409-30.

譯名對照

A

acrocarps　頂蒴苔
alar cells　翼細胞
anabiosis　假死狀態
Anishinaabe　阿尼什納比部落
Anomodon　牛舌苔
anorthocite　斜長岩
antheridia　藏精器
Antitrichia　逆毛苔、逆毛苔屬
Antitrichia curtipendula　逆毛苔
archegonium　藏卵器
asexualpropagules　無性繁殖芽

B

Barbula fallax　北地扭口苔
Berlese funnel　柏氏漏斗
boundary layer　邊界層
Brachythecium　青苔、青苔屬
branchlet　小枝

brood bodies　繁殖體
brood branches　繁殖枝
Brotherella　小錦苔
brown rot　褐腐真菌
Bryum　真苔
bulbils　球芽

C

Calapooya　卡拉普亞部落
Callicladium　草苔
camas（*Camassia quamash*）　北美百合
Campylium　細濕苔
Capitulum　頭狀枝序
Carabid beetles　步行蟲
Ceratodon　角齒苔、角齒苔屬
Ceratodon purpureus　角齒苔
chloroplast　葉綠體
Claopodium　麻羽苔
clear-cuts　皆伐林
climax species　巔峰種
colonization　定殖
coltsfoot　款冬
Conocephalum　蛇蘚、蛇蘚屬
Conocephalum conicum　蛇蘚
cranefly　大蚊
cross-fertilization　異體受精

D

Darwin's Finches 達爾文雀
Dendroalsia 樹苔、樹苔屬
Dendroalsia abietinum 樹苔
Dicranoweisia 卷毛苔
Dicranum fuscesens 棕色曲尾苔
Dicranum polysetum 波葉曲尾苔
Dicranum 曲尾苔、曲尾苔屬
Dicranum scoparium 曲尾苔
Dicranums albidum 白綠曲尾苔
Dicranums flagellare 鞭枝曲尾苔
Dicranums Fulvumscoparium 絨葉曲尾苔
Dicranums montanum 山地曲尾苔
Dicranums undulatum 皺葉曲尾苔
Dicranums viride 綠色曲尾苔
disturbance gap 干擾孔隙
Dolichotheca striatella 明角黑澤苔
dung flies 引糞蠅

E

echinacea 紫錐花
ecological niches 生態區位
elevational zonation 海拔帶
Eurhynchium 美喙苔
evening primroses 月見草

F

feather mosses　羽苔
female shoot　雌芽
filamentous green algae　絲狀綠藻
filaments　絲狀體
Fissidens　鳳尾苔
Fissidens osmundoides　歐洲鳳尾苔

G

gap dynamics　孔隙動態
garter snake　束帶蛇
gemmae　芽胞
gemmae cups　芽胞杯
gemmiferous shoot　芽體
Grimmia　紫萼苔
Gymnostomum aeruginosum　銅綠淨口苔

H

haircap moss　金髮苔
hawkweed　山柳菊屬
headwall　斗壁
Hedwigia　虎尾苔
Holstein　荷斯登牛
Homalothecium　同蒴苔
Hypnum mosses　灰苔

I

Indian paintbrush　印第安畫筆花
infinitesimal rate　微速率
Intermediate Disturbance Hypothesis　中度干擾假說
Iroquois　易洛魁族
Isothecium　貓尾苔

L

lamellae　櫛片
laminar flow　層流
leaf scar　葉痕
lemming　旅鼠
Leucolepis　白邊苔
liverworts　蘚類、地錢
lycophyte　石松類

M

marsh marigolds　驢蹄草
Metaneckera　假平苔
microbial crust　微生物結皮
microcommunities　微群落
Mielichoferia　缺齒苔
Mnium　提燈苔
murrelet　斑海雀
mycorrhizae　菌根

N

Neckera　平苔、平苔屬
Neckera complanata　扁枝平苔
Nez Perce　內茲珀斯部落
nitrous oxide　一氧化二氮
nurse logs　保姆木

O

oribatid mite　甲蟎
Orthotrichum　木靈苔
owl pellets　食繭

P

papillae　乳突
paraphyllia　鱗毛
parula　森鶯
peat mosses（*Sphagnum*）　泥炭苔
Plagiomnium　走燈苔
Plagiothecium　棉苔
Plagiothecium denticulatum　齒葉棉苔
pleurocarps　側蒴苔
Pogonatum　金髮苔
poikilohydry　變水性
Polytrichum　金髮苔屬，又稱土馬騌
pressure wave　壓力波
protonema　原絲體

protozoa　原生動物
pseudoscorpions　擬蠍

Q

Quechua　蓋楚瓦族

R

Racomitrium　砂苔
razor clam　剃刀蛤
red-tailed hawk　紅尾鵟
redstarts　紅尾鴝
reproductive effort　生殖努力、繁殖努力
Rhytidiadelphus　擬垂枝苔
rotifers　輪蟲

S

sapsuckers　吸汁啄木鳥
scarlet mite　錫蘭偽葉蹣
Schistostega pennata　光苔
screech owl　鳴角鴞
sequential hermaphrodites　雌雄同體
seta　蒴柄
Silvery Bryum（*Bryum argenteum*）　真苔、銀葉真苔
Sitka Spruce　北美雲杉
Sphagnum　泥炭苔、泥炭苔屬
Splachnum　壺苔

Splachnum ampullulaceum　大壺苔
Splachnum luteum　黃壺苔
sporophyte　孢子體
springtail　彈尾蟲
stemflow　幹流
strangler fig　絞殺榕
suspended animatio　休眠
Synapses　突觸

T

tarantula　狼蛛
tardigrades　緩步動物
Tayloria　小壺苔
Tetraphis pellucida　四齒苔
Tetraplodon　并齒苔
thallose liverwort　片狀蘚
throughfall　穿落水
Thuidium delicatulum　細枝羽苔
transfer cells　傳遞細胞

U

Ulota crispa　北方捲葉苔
Umatilla　尤馬蒂拉部落
Urban Cliff Hypothesis　都市懸崖假說

W

waterbear 水熊
weevils 象鼻蟲
wheel animalcules 輪狀微生物
white rot fungi 白腐真菌

Y

Yellow trout lily 黃鱒百合花
Yurok 優克部落

Z

Zuni 祖尼族

三千分之一的森林：
微觀苔蘚，找回我們曾與自然共享的語言
Gathering Moss: A Natural and Cultural History of Mosses

作　　者　羅賓·沃爾·基默爾Robin Wall Kimmerer
審　　訂　楊嘉棟
譯　　者　賴彥如
封面設計　莊謹銘
封面插圖　盧亭筑
內頁排版　高巧怡
行銷企劃　劉育秀
行銷統籌　駱漢琦
業務發行　邱紹溢
業務統籌　郭其彬
責任編輯　何韋毅
總 編 輯　李亞南
發 行 人　蘇拾平
出　　版　漫遊者文化事業股份有限公司
地　　址　台北市松山區復興北路331號4樓
電　　話　(02) 2715-2022
傳　　真　(02) 2715-2021
服務信箱　service@azothbooks.com
網路書店　www.azothbooks.com
臉　　書　www.facebook.com/azothbooks.read
營運統籌　大雁文化事業股份有限公司
地　　址　台北市松山區復興北路333號11樓之4
劃撥帳號　50022001
戶　　名　漫遊者文化事業股份有限公司
初版一刷　2020年07月
定　　價　台幣380元
I S B N　978-986-489-390-4

圖片提供　University of Michigan Herbarium
內頁插圖　霍華德·阿爾文·克洛姆Howard Alvin Crum（P50、74、76、77、160、193、195、202、221）、羅伯特·沃爾Robert Wall

國家圖書館出版品預行編目 (CIP) 資料

三千分之一的森林：微觀苔蘚，找回我們曾與自然共享的語言／羅賓．沃爾．基默爾（Robin Wall Kimmerer）著；賴彥如譯. -- 初版. -- 臺北市：漫遊者文化出版：大雁文化發行，2020.07
264 面；15×21 公分
譯自：Gathering moss: a natural and cultural history of mosses
ISBN 978-986-489-390-4（平裝）
1. 苔蘚植物　2. 植物生態學
378.2　　109007574